探索生物密码
TANSUOSHENGWUMIMA

动物的前世
今生与未来

DONGWUDEQIANSHI
JINSHENGYUWEILAI

吴波 ◎ 编著

集知识、故事、欣赏于一体！
生物爱好者必备！

完全
典藏版

探索生物密码

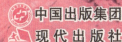
中国出版集团
现代出版社

图书在版编目（CIP）数据

动物的前世今生与未来／吴波编著．—北京：现代出版社，2013.1 （2024.12重印）

（探索生物密码）

ISBN 978－7－5143－1029－0

Ⅰ.①动… Ⅱ.①吴… Ⅲ.①动物－进化－青年读物 ②动物－进化－少年读物 Ⅳ.①Q951－49

中国版本图书馆 CIP 数据核字（2012）第 292923 号

动物的前世今生与未来

编　　著	吴　波
责任编辑	李　鹏
出版发行	现代出版社
地　　址	北京市朝阳区安外安华里 504 号
邮政编码	100011
电　　话	010－64267325　010－64245264（兼传真）
网　　址	www.xdcbs.com
电子信箱	xiandai@cnpitc.com.cn
印　　刷	唐山富达印务有限公司
开　　本	710mm×1000mm　1/16
印　　张	12
版　　次	2013 年 1 月第 1 版　2024 年 12 月第 4 次印刷
书　　号	ISBN 978－7－5143－1029－0
定　　价	57.00 元

版权所有，翻印必究；未经许可，不得转载

前言

与所有其他生物一样，动物也是逐渐进化而来的，从简单到复杂，从低级到高级。它们按照从单细胞到多细胞、从水生到陆生、从简单到复杂的历程演化。

动物从海洋中开始，随着时间的推移，不断繁衍与进化，通过海边、沼泽地、湿地、红树林、雨林地带以及涨退潮自然现象所形成这些特殊生存环境作为繁衍和适应性的跳板，不断演化过渡，逐步形成了会飞行的动物物种和能适应在陆地生存的动物物种。

目前，地球上生存的所有动物物种，从海洋到陆地和天空形成一个庞大的、不同层次的、丰富多彩的动物生命圈，使地球增添了色彩和生命活动。

本书以地质年代为分界标准，介绍了从距今45亿年前至今，动物演化发展的历程。

目 录

地质年代与生物进化

地质年代定义与测定 …………………………………………… 1
动物进化概述 …………………………………………………… 5

动物的起源——前寒武纪

从原生动物到后生动物 ………………………………………… 11
古杯动物、海绵动物和肠腔动物 ……………………………… 14
蠕虫动物的地位 ………………………………………………… 25

海生无脊椎动物的早期古生代

贝壳类动物 ……………………………………………………… 33
节肢动物 ………………………………………………………… 37
棘皮动物和原索动物 …………………………………………… 40
水生低等动物的进化脉络综述 ………………………………… 43

鱼类及无脊椎动物的中期古生代

无颌、有颌及鱼鳍的进化 ·················· 49
鱼类的进化 ······························· 54
无脊椎动物发展概况 ······················ 64

从两栖动物到爬行动物——晚期古生代

登上陆地 ································ 72
鱼石螈的后代 ···························· 76
无脊椎动物在晚期古生代 ·················· 80

爬行动物与鸟类——中生代

羊膜卵的出现 ···························· 88
溯源爬行动物 ···························· 91
早期爬行动物 ···························· 92
爬行动物的演变 ·························· 95
恐龙家族 ································ 104
鸟类的祖先 ······························ 113
鸟类的进化 ······························ 116
无脊椎动物在中生代 ······················ 118

哺乳动物时代——新生代

哺乳类动物大观 ·························· 126
现代食肉类哺乳动物 ······················ 140

有蹄类动物……………………………………………………146

完美的进化者——啮齿类………………………………172

贫齿类和鳞甲类哺乳动物………………………………176

灵长类的早期进化………………………………………178

新生代的无脊椎动物世界………………………………181

地质年代与生物进化

为了直观清楚地描述动物的进化历程，我们将地球的地质年代作为划分动物进化的参照物，这种划分的主要依据，就是根据古生物由低级到高级的演变中，由量变到质变的多次飞跃所显示的阶段性、不可逆性规律。在地质年代这个大背景下，我们可以随着时间的脚步，看看由远及近的动物进化历程。

地质年代定义与测定

地质工作者把地球历史通常分成五个大的时代：太古代、元古代、古生代、中生代、新生代。其中太古代和元古代由于生物处于低级发展阶段，保存不多，因而合称隐生宙；而古生代、中生代、新生代生物已大量出现并保存为化石因而合称显生宙。

代下面分纪，其中元古代的晚期叫前寒武纪；古生代分为寒武纪、奥陶纪、志留纪、泥盆纪、石炭纪、二叠纪六个纪；中生代分为三叠纪、侏罗纪、白垩纪三个纪；新生代分为第三纪和第四纪两个纪。

纪下面分世，寒武、奥陶、志留、泥盆、石炭、三叠、侏罗等纪各分为早、中、晚三世；二叠纪分早、晚两世；第三纪分五个世：古新世、始新世、渐新世、中新世、上新世；第四纪分两个世：更新世和全新世。今天我们所处的地质年代就是全新世。

上面介绍的地质年代只说明岩石（地层）形成时间上的新老顺序。比如，中生代比古生代晚，新生代又比中生代晚，也就是中生界地层比古生界地层新，新生界地层又比中生界地层新。所以，这样的地质年代又叫相对地质年代，只表示相对的早晚顺序，并没有表明这些地质年代究竟距今多少年。

以前，地史学家只能确定相对地质年代。至于各个地质年代究竟距今多少年，却很难测定。他们往往根据某些地层的厚度，再估计当年沉积的快慢，来约略估计形成这些地层所持续的时间。这样的估计当然是很不准确的。

随着科学技术的发展，现在已经找到了一些测定岩石的绝对年龄的方法，所谓绝对年龄，就是它形成的时间距今多少年。测定绝对年龄的方法有几种，其中用得比较多的是放射性同位素测定法。

所谓放射性，是指有些元素的原子所具有的这样的性质：它会放射出一些肉眼看不见的射线，本身衰变成另外一种元素的原子。例如，居里夫人发现的镭元素，就是一种放射性元素；所谓同位素，是指同一种元素的不同原子，它们的化学性质相同，原子量却不一样。例如氢和重氢就是同位素，普通的氢原子量是1，重氢原子量是2，两者化学性质一样。

放射性同位素测定岩石的绝对年龄，是利用放射性元素的这样一种性质：例如，放射性铀原子量为238的一种同位素，称为铀238，符号写成^{238}U。它经过一系列衰变，最后变成没有放射性的一种铅的同位素，原子量是207，称为铅207，符号写成^{207}Pb。放射性元素衰变的快慢是一定的，比如每克^{238}U，经过4.5亿年，就有一半衰变了，只剩下半克铀，同时产0.433克的^{207}Pb。这个4.5亿年叫做^{238}U的半衰期。以后再过4.5亿年，又有一半^{238}U衰变了，只剩下四分之一克^{238}U，同时产生相应的^{207}Pb。因此如果测定含铀的岩石里剩下的^{238}U和产生的^{207}Pb的分量的比，就不难算出这岩石里的铀从一开始衰变已经过了多少年，这就是这种岩石的绝对年龄。这种放射性同位素法就叫铀—铅法。

常用的放射性同位素测定法还有钍—铅法、铷—锶法、钾—氩法等，原理也是一样的。特别是钾—氩法，因为绝大部分岩石都含有钾，应用的范围更广。

除了放射性同位素法，还可以用碳14法来测定化石的年龄。

大气受到来自外层空间的宇宙射线的冲击，会产生一种不带电的粒子叫中子。这些中子和大气里的氮原子作用，会生成原子量是14的碳原子，这就是碳14，符号^{14}C。一般的碳原子原子量是12，^{14}C是碳的一种同位素，也有放射性。这种^{14}C原子和大气里的氧结合，生成$^{14}CO_2$。含^{14}C的二氧化碳被植物吸收，经过光合作用，变成植物机体的组成部分。植物被动物和人吃了，因此动物和人体里也有^{14}C。这种放射性^{14}C原子又要陆续衰变，变成普通的氮原子。

生物体里的^{14}C一方面要按放射性衰变规律不断减少，另一方面又同时从大气里不断得到补充。所以在生物生活期间，生物体里^{14}C的含量一般能保持不变。但是生物一旦死亡，和外界的物质交换停止了，生物体里的碳-14不再得到补充，只会按照衰变规律减少，它的半衰期是5700年。

因此，根据含碳的化石标本里^{14}C的减少程度，就可以推断出生物死亡的年代。

正是用这一类方法，现在已经大体上确定了各个地质年代的绝对年龄，这叫绝对地质年代，也叫同位素年龄。

1. 太古代，始于距今45亿年，持续21亿年。

2. 元古代，始于距今24亿年，持续18.3亿年。其中，距今约8亿~5.7亿年称为前寒武纪。

3. 古生代，始于距今5.7亿年，持续3.4亿年。

（1）寒武纪，始于距今5.7亿年，持续7000万年。

（2）奥陶纪，始于距今5亿年，持续6000万年。

（3）志留纪，始于距今4.4亿年，持续4000万年。

（4）泥盆纪，始于距今4亿年，持续5000万年。

（5）石炭纪，始于距今3.5亿年，持续6500万年。

（6）二叠纪，始于距今2.85亿年，持续5500万年。

4. 中生代，始于距今2.3亿年，持续1.63亿年。

(1) 三叠纪，始于距今 2.3 亿年，持续 3500 万年。

(2) 侏罗纪，始于距今 1.95 亿年，持续 5800 万年。

(3) 白垩纪，始于距今 1.37 亿年，持续 7000 万年。

5. 新生代，始于距今 6700 万年，持续到现在。

(1) 第三纪，始于距今 6700 万年，持续 6450 万年。

(2) 第四纪，始于距今 250 万年，持续到现在。

衰 变

衰变亦称"蜕变"。指放射性元素放射出粒子而转变为另一种元素的过程，如镭放出 α 粒子后变成氡。

放射性核素在衰变过程中，该核素的原子核数目会逐渐减少。衰变至只剩下原来质量一半所需的时间称为该核素的半衰期（half‐life）。每种放射性核素都有其特定的半衰期，有几微秒到几百万年不等。

延伸阅读

地球，这个名字来源于对大地形状的认识，最早可以追溯到古希腊学者亚里士多德从球体哲学上"完美性"和数学上"均衡性"提出"地球"这个名称和概念。

地球是太阳系从内到外的第三颗行星，也是太阳系中直径、质量和密度最大的类地行星。住在地球上的人类又常称呼地球为世界。

地球的矿物和生物等资源维持了全球的人口。地球上的人类分成了大约 200 个独立的主权国家，它们通过外交、旅游、贸易和战争相互联系。人类文明曾有过很多对于这颗行星的观点，包括神创造人类、天圆地方、地球是宇宙中心等。

西方人常称地球为盖亚，这个词有"大地之母"的意思。

动物进化概述

把生物进化过程和地质年代联系起来，按照地质年代的先后顺序，生物进化的历程大致如下：

太古代

太古代属于隐生宙，地球上的生命还处在孕育阶段。在距今35亿年前的地层里已经有细胞群体，在距今32亿年的地层里已经有细菌，不过可靠的化石记录不多。一般认为，晚期有细菌和低等蓝藻存在。

元古代

化石研究表明，元古代时，蓝藻和细菌已经开始繁盛，并且出现了原生动物。到末期，一些低等动物开始出现，如海绵（属海绵动物门）、水母和水螅（后两种属腔肠动物门）等。

海 绵

古生代

（1）寒武纪：地壳相对平静，浅海面积大。以藻类和水生无脊椎动物三叶虫（属节肢动物门）为主，此纪又称为"藻类时代"或"三叶虫时代"。

（2）奥陶纪：地壳平静，浅海面积大。植物仍然以藻类为主。某些水生无脊椎动物非常繁盛，如三叶虫、腕足类（属拟软体动物门）、头足类（属软体动物门）和笔石（过去认为属腔肠动物门，现在认为属口索动物亚门）以

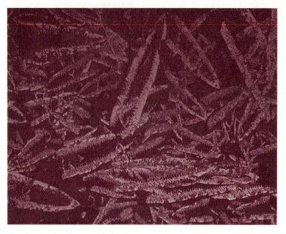

笔 石

及某些珊瑚（属腔肠动物门）。此外，这一时期出现了原始脊椎动物——甲胄鱼类。

（3）志留纪：初期地壳平静，后期发生强烈的造山运动，就是由水平方向的压力把地层褶皱成山并且造成断裂的运动。植物界出现了原始陆生植物裸蕨。动物界无脊椎动物如三叶虫、腕足类、笔石、珊瑚等仍然繁盛。此纪末期原始鱼类开始繁盛。

（4）泥盆纪：地壳表面出现了高山和陆地，气候变得干燥炎热。植物、动物开始向陆地发展，出现了大森林，原始的陆生动物两栖类和昆虫（是节肢动物门的一个重要的纲）开始欣欣向荣。同时海里的鱼类大发展，因此，此纪又被称为"鱼类时代"。

（5）石炭纪：气候湿热。蕨类植物有了极大的发展，陆地上出现大片造煤森林。两栖类动物和昆虫十分繁盛，所以有两栖动物时代的称呼。末期出现了原始爬行类动物。

（6）二叠纪：地壳运动剧烈，气候干热。植物界裸子植物开始发展。动物界仍以两栖类动物为主，爬行类动物开始征服陆地。

中生代

地壳开始稳定，气候温暖湿润。裸子植物和爬行类动物恐龙等十分繁盛，又有"恐龙时代"之称。

（1）三叠纪：裸子植物大发展，爬行类动物恐龙逐渐兴盛，并且出现了最原始的哺乳类动物。

（2）侏罗纪：裸子植物继续发展，恐龙在动物界占统治地位。末期出现了鸟类。

（3）白垩纪：被子植物出现，动物界爬行类恐龙衰落灭绝，哺乳类开始兴起。

新生代

地壳又趋向活动，海陆重新分布，气候变冷。植物界被子植物迅速发展，动物界鸟类和哺乳类大发展，所以又被称为"被子植物时代"或"哺乳动物时代"。

冰　川

（1）第三纪：被子植物继续发展，形成大森林。哺乳类动物适应各种不同的环境，向各种不同的类型发展。

（2）第四纪：地球上出现大冰川，植物和动物在地理分布上变化很大，迁移很频繁。人类在此纪出现，因此又有"人类时代"之称。

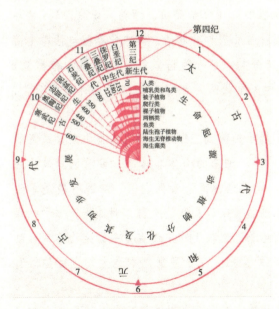

生物地史时钟图

如果将各个地球历史时期和生物活动的主要历程缩短为12小时，绘成一个时钟图，我们就可以对各个地球历史时期的长短和新老有一个相对概念（表中内圈为各个地球历史时期距今年龄，单位为百万年，并表示了各门生物的发生发展；外圈为表示地球历史各时期相对长短的时钟数）。

时钟图表明生物是在漫长的地球历史时期陆续出现的，最初出现在水中，后来才有一部分逐渐离开水域登陆生活。简单的出现早，历史也较长；结构复杂的出现迟，历史短。

化 石

化石是存留在岩石中的古生物遗体或遗迹，最常见的是骸骨和贝壳等。研究化石可以了解生物的演化并能帮助确定地层的年代。保存在地壳的岩石中的古动物或古植物的遗体或表明有遗体存在的证据都谓之化石。

延伸阅读

细菌主要由细胞膜、细胞质、核质体等部分构成，有的细菌还有荚膜、鞭毛、菌毛等特殊结构。绝大多数细菌的直径大小在 0.5～5 微米之间，并可根据形状分为三类，即球菌、杆菌和螺形菌（包括弧菌、螺菌、螺杆菌）。按细菌的生活方式来分类，分为两大类：自养菌和异养菌，其中异养菌包括腐生菌和寄生菌。按细菌对氧气的需求来分类，可分为需氧（完全需氧和微需氧）和厌氧（不完全厌氧、有氧耐受和完全厌氧）细菌。按细菌生存温度分类，可分为喜冷、常温和喜高温三类。

细菌是生物的主要类群之一，属于细菌域。细菌是所有生物中数量最多的一类，据估计，其总数约有 5×10^{30} 个。细菌的个体非常小，目前已知最小的细菌只有 0.2 微米长，因此大多只能在显微镜下看到它们。细菌一般是单细胞，细胞结构简单，缺乏细胞核、细胞骨架以及膜状胞器，例如线粒体和叶绿体。基于这些特征，细菌属于原核生物。原核生物中还有另一类生物称做古细菌，是科学家依据演化关系而另辟的类别。为了区别，本类生物也被称做真细菌。

细菌广泛分布于土壤和水中，或者与其他生物共生。人体身上也带有相当多的细菌。据估计，人体内及表皮上的细菌细胞总数约是人体细胞总数的 10 倍。此外，也有部分种类分布在极端的环境中，例如温泉，甚至是放射性废弃物中，它们被归类为嗜极生物，其中最著名的种类之一是海栖热孢菌，科学家是在意大利的一座海底火山中发现这种细菌的。然而，细菌的种类是如此之多，科学家研究过并命名的种类只占其中的小部分。细菌域下所有门中，只有约一半包含能在实验室培养的种类。

  细菌的营养方式有自养及异养，其中异养的腐生细菌是生态系中重要的分解者，使碳循环能顺利进行。部分细菌会进行固氮作用，使氮元素得以转换为生物能利用的形式。

动物的起源——前寒武纪

寒武纪的开始，标志着地球进入了生物大繁荣的新阶段。而在寒武纪之前，地球早已经形成了，只是在几十亿年的漫长过程中一片死寂，那时地球上还没有出现门类众多的生物。这样，科学家们便把寒武纪之前这一段漫长而缺少生命的时间称作前寒武纪。前寒武纪约占全部地史时间的六分之五，由于没有足够的生物依据，我们对地球的这段历史知之甚少。

20世纪后半期，科学家们陆续在南非和澳大利亚获得了重大收获，在变质程度不太剧烈的沉积岩层中发现了叠层石，这是微生物和藻类活动的产物。此外，人们在这些古老的岩层中还分析出大量的有机化合物（如苯、烃基苯等）和环形化合物（如呋喃、甲醇、乙醛等）。在南非的一套古老沉积岩中，科学家们借助先进的精密观测仪器，发现了200多个与原核藻类非常相似的古细胞化石，这些微体化石一般为椭圆形，具有平滑的有机质膜，这是人们迄今为止发现的最古老、最原始的化石，也是在太古代地层中发现的最有说服力的生物证据。从生物界看，这是原始生命出现及生物演化的初级阶段，当时只有数量不多的原核生物，它们只留下了极少的化石记录。但它们昭示着动物的起源。

从原生动物到后生动物

原始生物一开始兼有植物和动物的特征，在海洋有机物供应紧张的情况下，向两个方向进行分化：一个方向是加强光合作用的机能和器官，向完善的自养方式发展，特化成为植物的一支；另一个方向是加强运动机能和运动器官，向摄取现成的有机物的异养方式发展，特化成为动物的一支。

需要注意的是，从分化的时间上来看，首先出现的是具有比较明确的植物特征的原核生物——蓝藻，而最原始的动物是在这以后才分化出来的。

最原始的动物在分类学上属于原生动物门，都是由单细胞构成的（也有由单细胞集成群体的），所以也叫单细胞动物。

现在已经发现的最古老的原生动物化石有放射虫化石和有孔虫化石。放射虫化石在前寒武系地层开始出现，大多保存在海洋沉积层的硅质岩里。有孔虫化石出现在前寒武系、寒武系和以后的海洋沉积层里。

从现存的有孔虫和放射虫看，它们的身体主要就是一个细胞。有孔虫体外有钙质外壳，壳壁有无数小孔，细胞原生质会从孔里溢出，形成丝状物（由于外面仍包着细胞膜，所以不会流散），这叫伪足。放射虫的身体呈球形，伸出许多条丝状的伪足，呈放射状；体内有膜质的中央囊，囊面穿有许多小孔，把身

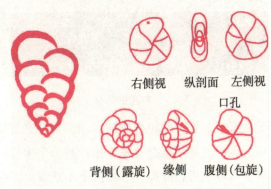

有孔虫的构造

体分成内外两部分；囊外有胶状物质，囊里有细胞核；通常从身体中央射出硅质针状骨棘，也有的许多针状物集合成层，或者互相连接成笼状。正因为它们有钙质或者硅质的外壳或针棘，所以死后能成为化石保存下来。

但是从现存的原生动物看，有孔虫和放射虫能分泌钙质或者硅质的外壳或

针棘，还算是比较进步的种类。现存的原生动物中还有比它们更简单的变形虫。变形虫的直径不到半毫米，它的细胞膜纤薄。由于膜里原生质流动，使身体表面伸出没有固定形状的突起，这就是伪足。身体的轮廓随伪足的伸缩而变化，所以叫变形虫。由于伪足的伸缩，整个身体也可以慢慢移动位置。伪足还能包围食物，然后把食物消化掉，吸收进身体里去。

我们从这里可以推测，原生动物有孔虫和放射虫的化石虽然出现在寒武系和前寒武系地层里，在这以前一定已经有比它们更原始的类似变形虫那样的原生动物的阶段。只是因为这类原生动物的身体没有硬质部分，所以无法保存下化石。这些原生动物的出现应该比发现放射虫化石的地层年代更早。不过由于元古代延续的时间就有几十亿年，所以我们一般仍旧认为，最原始的动物——原生动物的出现时间在元古代末期。

有孔虫化石

现存的原生动物门通常分做鞭毛虫、肉足虫、孢子虫和纤毛虫四个纲。前面讲的变形虫、有孔虫、放射虫属于肉足虫纲，纤毛虫纲的草履虫是现代原生动物的典型。

草履虫形似草鞋底，明显地分为前后端；体壁上有无数纤毛，能在水里作协调运动。它已经有简单的嘴（口沟），有排出废物的肛门点。它能用接合方式生殖：两个个体暂时靠拢，交换一部分小核以后就离开，再各自进行分裂，形成四个小草履虫，这是一种极简单的有性生殖。

现存单细胞动物大约有3万种，它们当然都经过长期的演变，和祖先的原始类型已经有很大不同，但是我们仍然可以从它们身上大致看出最原始的动物起源和演变的过程。

原生动物是单细胞动物，这些细胞产生以后，经过了相当长一段时间的发展，逐渐形成了多细胞动物，其化石主要在距今9亿年以后，特别是距今7亿~5.7亿年之间出现，也就是元古代最晚期，这些低等多细胞动物即一般所称后生动物（和单细胞原生动物相对应而得名）。

澳大利亚埃迪卡拉发现的后生动物群最为典型，在西南非的那玛、英国的查尔恩及其后在纽芬兰的康塞浦辛及苏联的文德等元古系地层中也都发现了距今6亿~7亿年之间的后生动物群分子。

埃迪卡拉后生动物群是以痕迹化石和无骨骼化石的印痕为代表，又称为裸露动物群，目前已获数千件标本，包括大约30余个生物种，分属四个门，其中以腔肠动物为主，占67%。水母是埃迪卡拉后生动物群中的主要成员之一，研究发现埃迪卡拉动物群中的很多水母化石和现代海洋中的许多水母生物具有相似性，有明显的浮囊体及其下的营养体和生殖体。

关于多细胞动物是怎样起源的，现在还没有多少化石证据可以回答这个问题。

在现存的某些动物中，以及在高等多细胞动物胚胎发生的初期阶段中，可以见到有一种单细胞群体的结构。所以现在科学家们推论，从单细胞动物发展到多细胞动物，大概也经过一个群体的中间阶段。这种群体可能是由相同的单细胞聚合成的中空球体，可以随水漂浮，犹如植物中的团藻那样。这种群体中也可能已经有运动细胞和生殖细胞的分化。

然后，在群体里不同部分细胞之间，可能产生明显的分工，各个细胞机能开始趋向专职化，因而产生了萌芽状态的不同组织，再进一步发生了不同器官。这时候每个单细胞离开整体已经不能独立生活，就发展成为多细胞的个体。

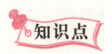
知识点

蓝藻

蓝藻（Cyanobacteria）和具原核的细菌等一起，单立为原核生物界。所有的蓝藻都含有一种特殊的蓝色色素，蓝藻就是因此得名。但是蓝藻也不全是蓝色的，不同的蓝藻含有一些不同的色素，有的含叶绿素，有的含有蓝藻

叶黄素，有的含有胡萝卜素，有的含有蓝藻藻蓝素，也有的含有蓝藻藻红素。红海就是由于水中含有大量藻红素的蓝藻，使海水呈现出红色。蓝藻是单细胞原核生物，又叫蓝绿藻、蓝细菌，但不属于细菌，也不是绿藻。蓝藻是一类藻类的统称，其标志便是单细胞、没有以核膜为界限的细胞核。常见的蓝藻有蓝球藻（色球藻）、念珠藻、颤藻、发菜等。蓝藻都为单细胞生物，以细胞群形式出现时才容易看见，也就是我们通常见到的"水华"。

延伸阅读

桃花水母，又称"桃花鱼"、"降落伞鱼"，多呈粉色、白色，生长于温带淡水中，其形状如桃花，并多在早春桃花盛开季节出现，因此，我国古代称它们为"桃花鱼"。但古人明确指出，桃花鱼"非鱼也，生于水，故名之曰鱼；生于桃花开时，故名之曰桃花鱼"。这种正确认识在几百年前是个了不起的成就。其通体透明，像透明小伞在水中悠然漂浮，它们无头无尾呈圆形，晶莹透亮，柔软如绸，身体周边长满了触角，像飘落水中的桃花在表演"花样游泳"。最引人注意的是，它们中间长着五个呈桃花形分布的触角状物体。它们在水中一张一缩上下飘荡，悠然自得。它们是一类濒临绝迹、古老而珍稀的腔肠动物，已有至少6亿年的生存历史，是地球上最低等级生物之一。由于其对生存环境有极高的要求，活体又极难制成标本，所以，其珍贵度可与大熊猫相媲美，有两种被《中国物种红色名录》列为濒危物种。

古杯动物、海绵动物和肠腔动物

史前5.7亿~5.4亿年间，在欧、亚、澳大利亚、非、北美、南美及南极洲等浩瀚无际的古海洋浅海区里，繁生着一种杯形的动物——古杯动物。这是一种最早的造礁动物，常常和古老的藻类共同筑成巨大的水下长城——生物礁体。它固着在海底营生。不过它的幼年时期却经历过一段自由的漂游生活，然后在清洁的浅海水域中定居下来。定居之后才开始发育成杯形的骨骼。

古杯类是一种已经灭绝了的海洋动物。由于它的个体骨骼外形好像一个古代人用的杯子而得名。它兼有海绵和腔肠类的一些特征，过去常被称做古杯海绵。

一个古杯动物的个体就叫做杯体，多为杯状单体，少数为圆柱状复体。杯体由两层互不接触的倒圆锥形灰质骨骼套合而成。外面的壁叫外壁，里面的叫内壁，内外壁之间的空间叫壁间。壁间有放射状隔板。内外壁及隔板均穿有小孔，这是古杯动物的一个重要特点。内壁包围的中心部分叫中央腔，古杯动物的软体组织充填于中央腔和壁间。杯体基部有一种带形管状物质叫固着根，起着将杯体固着于海底的作用。

古杯动物的骨骼多孔，而且内壁孔一般较外壁孔粗大，因此人们设想古杯动物以滤食为生，水流由中央腔通过内壁孔进入壁间，水流中所带的食物质点如孢子、单细胞藻类、细菌等微小生物，在壁间进行消化，然后通过外壁孔排出体外，细小的外壁孔起着过滤的作用，可以阻挡大量食物质点的逸出。

古杯动物在形态上和多孔动物——海绵或腔肠动物中珊瑚的形态十分相似，因而有时从外观上很不容易把它们区分开。由于古杯动物是一类早在地史中灭绝的生物，它的软体早已消失，而它的骨骼也是经历了几亿年的历史才保存到今天的。所以科学家对它的研究仍然存在着许多困难和问题，因而在生物分类学上，它究竟属于哪一个位置或与哪一

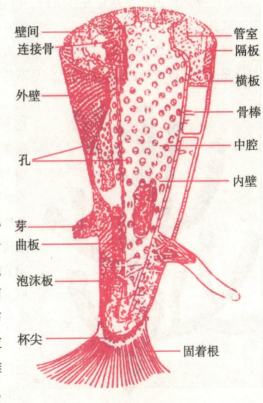

古杯动物结构

个动物门类存在着什么样的亲缘关系，迄今都还没有定论。

早年有些科学家认为古杯动物是原生动物的有孔虫类，有些科学家认为它是一种海绵，直到现在还有些研究者仍然把它放在多孔动物中去阐述。有些科学家还认为，古杯动物是腔肠动物的一个成员。21世纪初，人们对古杯动物的研究已有所进展，因而现在有更多的科学家认为古杯动物既不属于多孔动物也不同于珊瑚。它的自身存在着许多特殊的构造，说明它在动物分类学上是一个独立的门类。

古杯动物生存和繁衍在早寒武世，这已经是人们公认的事实了。因为这段时期中古杯动物的特征相当明显，地理分布也相当广泛。所以早寒武世古杯动物的遗骸已成为今天科学家对该时期地层的划分和对比中十分重要的生物依据。中寒武世开始是否存在古杯动物，在古生物界还有争论。有些科学家研究认为，中寒武世仍然生存着古杯动物，但它的数量和早寒武世相比已大为逊色，其分布的范围也大大缩小了，晚寒武世一志留纪仅在欧洲、亚洲的个别地点发现过它的踪迹。不过，有些科学家认为，中寒武世开始之后所发现的标本与早寒武世的古杯动物差异相当大，是不是古杯动物还需进一步研究。

古杯动物

古杯动物自身的分类也众说纷纭，迄今为止还没有一种比较易为大多数科学家所能接受的意见，古杯动物骨骼的演化趋势，同样也在探索之中。有的科学家研究认为，最早阶段的有骨骼古杯动物个体都比较小，后来逐渐增大，直到进化的后期才有直径达70厘米的类型。而且这一时期中个体形态的变化也比较大，有些是单体的，有些是群生的；双层墙的构造比较简单，同时没有无孔隔板的古杯类。在之后的演化过程中，古杯动物的形态向多样化发展，还出现大量具有复杂双层墙的类型，地理分布也比前期扩展了，成为欧、亚、澳大利亚和北美等古海洋中十分重要的"居民"。第三阶段是古杯动物进一步繁衍的时期，几乎各种具有复杂内、外壁的古杯类全部出现无孔隔板或仅有很小穿孔隔板的类群相继出现并迅速繁荣，在地理上，它们征服了南极古海洋。最后，在早寒武世末期，古杯动物急剧地走向衰退以至最后灭绝的道路。

海绵动物又叫多孔动物，在它的体壁上有许许多多孔状的构造。它的种类很多，现在已知的有2400多个属，其中化石海绵有1000个属以上，这些古代的居民只有少数生存到今天。海绵动物是一种用柄或根附着于其他物体的底栖固着动物。有些类型附着于其他具有硬壳的生物体上，使它能够跟随其他动物游历他乡。绝大多数海绵动物生活在深200米以内的浅海区，还有部分能够迁居于黑暗无光的深海区里，只有极少数种类是淡水中的"居民"。

海绵动物大多有姣美的体态和绚丽的色彩而博得人们的赞赏。它们绝大多数像一串串葡萄或一丛美丽的树枝，有些把自己的身体打扮成花瓶状或筒状。它们的身体有的只有几毫米，大的可达2米以上。

古杯海绵

海绵动物的性质与鞭毛虫类很相似，它的生殖细胞、造骨细胞和食泡组织又和原生动物相近，但又缺乏神经细胞和感觉细胞。所以，海绵动物表现出它的原始性——具有原生动物的群生性质。但在个体发育上，它又具有胞胚和原肠胚期。整个身体是由内、外两胚层细胞组成的。不过它没有形成能够专门活动的器官，从这些特点来看，它又比腔肠动物在进化上表现得低级一些。

既然海绵动物在一定意义上具有原生动物群体的性质，那么它和原生动物有什么关系呢？我们知道，原生动物是一种单细胞动物。根据生物演变是由低级向高级进化的原理，那么最低等的多细胞动物，从理论上看应该是由单细胞动物演变而成的。单细胞动物是怎样演变成多细胞动物的呢？这是人们关心的问题。

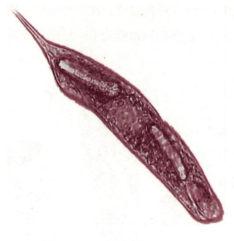

鞭毛虫

科学家研究发现，鞭毛虫类是既具有植物性又具有动物性的双重特性的动物。在鞭毛虫类中，有一种团藻，它是由数千个小鞭毛虫的单细胞体汇聚而成的群体，构成群体的小鞭毛虫数目总是2的倍数，所以小鞭毛虫的数目总是双数。团藻群体之外由一层富含水分的胶质层包围着。每一个小鞭毛虫都能够独立生活，它们各有一个眼点、两根鞭毛，并具有叶绿素，由于这种情况，由这些小鞭毛虫汇聚而成的团藻就没有十分固定的形态。在大多数情况下，团藻呈扁平或球状的群体。比较大的群体一般也只有1厘米左右。团藻群体中的各小鞭毛虫也没有功能上或组织上的分工。另一方面，团藻又是一种能够自由活动的群体，由于团藻的眼点在对着光线的一面比较发达，这些眼点对光有一定的感光性，所以团藻中各小鞭毛虫前端的两根鞭毛能够集体摆动，带动整个团藻体朝向光线较强的方向游动。由于定向的朝光性，促使团藻中的小鞭毛虫的某些特性发生分化。朝光线的一面的小鞭毛虫体成为团藻群体中的舵手，掌管运动，但却使它们失去繁殖的能力，在背光线一面的小鞭毛虫体则逐渐分化成具有繁殖能力的个体。

团藻的繁殖方式很特殊，它可以进行无性生殖和有性生殖。在无性生殖过程中，是由小鞭毛虫经过多次分裂而形成群体，成熟之后就离开母群体而独立门户，自由营生。有性生殖是由背光面的小鞭毛虫来完成的，首先，它们失去鞭毛，转化成为大配子母细胞和小配子母细胞。大配子母细胞随后形成一大型的卵子，小配子母细胞又经过多次分裂而产生许多具备两根鞭毛的精子，精、卵结合形成合子。合子分泌出带有棘的外壳并沉落水底休眠，直到翌年才破壳而发育成新的团藻群体。

团藻不是原生动物，但从团藻生活史中的那种分工协作的现象以及它的繁殖方式，使许多科学家联想到，从单细胞动物向多细胞动物的进化，可能就是通过这种类似的过程，最后导致功能上和组织上具有严格分工的细胞而进化成功的。

在海绵动物体内，有一个空腔，它的内壁有一种襟细胞。这种襟细胞与襟鞭毛虫非常相似。在襟鞭毛虫的体前，

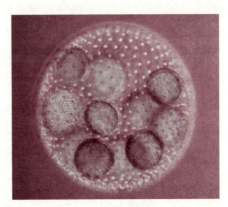

团 藻

有一层薄薄的原生质形成的领状襟，围着单根鞭毛的基部。原海绵是一种由许多襟鞭毛虫汇合而成的群体，它的外面是襟细胞，内部是变形细胞。因此，一些科学家认为，襟鞭毛虫可能是原生动物与海绵动物之间在进化过程中的桥梁。

除了上面所说的特点之外，人们还可以从多细胞动物的个体发育过程中发现，所有多细胞动物的胚胎在发育过程中都具有一个共同的特点。它们都是由一个单细胞的受精卵，经过多次分裂后才逐渐发育成多细胞动物的有机体的。

在海绵动物体中，有一套十分奇特的沟道系统。这种沟道系统有简单的，也有复杂的。简单的单沟型，流水可以一次通过体壁上的沟道直接流入中央腔，双沟型沟道系统比较复杂，水流经入水孔进入沟道之后，还必须经辐射管，然后通过出水孔才能进入中央腔，复沟型最复杂，流水必须经由入水孔、入水沟道、鞭毛室，流出沟道才能进入中央腔。海绵动物这种奇特的沟道系统以及围绕着单根鞭毛的领状襟构造，使它与比较进化的腔肠动物有明显的区别。

海绵的一生从未清闲过，它无时无刻不过着忙忙碌碌的生活。它用鞭毛日夜不停地摆动，使流水顺着它的沟道系统流进体腔，从水中获得营养。但海绵的身上没有一点"肉"，所以其他动物从不侵害它。海绵还有相当强的再生能力，即使它被"碎尸万段"，在良好的环境条件下，只要经过几天的时间，又

会重新组成一个新的海绵体。海绵是一种十分古老的动物，它的祖先在前寒武纪已经繁衍在海洋里了，但它的生活习性没有多大的改变，正是因为它具备了上述那些特征，使它能够在亿万年的地史中经受自然选择的严峻考验而相传百代。直到今天，它们也没有进一步演化成其他动物，因而，人们至今仍然找不到一种比较接近的生物来和它进行比较。所以，海绵动物被科学家列入多细胞动物发展演化道路上的一个侧支，又称为侧生动物。

除了极少数类型之外，绝大多数海绵有特殊的骨骼：骨针和海绵丝。很难在地史中找到保存十分完好的海绵体化石，只有在许多骨针互相穿插、衔接在一起形成一副海绵体骨架的时候，才有可能保存它原有的外形。

海绵骨针的成分是不同的，有钙质骨针和硅质骨针两种。属于硅质骨针的海绵，多生活在200～5000米的深海区，属于钙质骨针的海绵，多栖居于200米内的浅海区里。根据这一特性，人们常对不同成分的骨针进行研究，来判断地质时期中的海水深度。不过有少数海绵的体壁是收集其他生物的碎屑来建筑自己的骨骼的，有时甚至应用其他海绵的骨针作为建筑材料，在这种情况下，不但对判断海绵动物的类型十分困难，而且也给应用骨针的成分来推断古海洋的深度带来不便。

海绵骨针的形态千差万别，但一般只有六种组合的形态：单轴针、三轴针、四轴针、六轴针、八轴针和多轴针。前三种一般是钙质的，后三种多是硅质的。骨针的大小相差也很大，大骨针多数大于100毫米，小骨针则很小，一般在显微镜下才能看得清楚。骨针在大多数情况下是分散在海绵体壁的中胶层中的，所以很难形成完整海绵体的化石骨架。

海绵动物一般可分为三大类（纲）：

普通海绵类大约占整个海绵动物总数的80%以上。它们大多栖居海底。在湖泊河川中生活的类型也都属于这一类。它们的骨针多数是单轴和四轴的硅质骨针，但大多数是小骨针，有些类型无骨针，所以这类海绵能够保存成化石的不多。常见的只有某些石海绵类有比较完整的个体。

玻璃海绵类的个体比较大，体壁上的硅质骨针是这类海绵最重要的特点，常见的是六轴针。中央体腔特别大。主要生活在200～5000米的深海区里，所以它的骨针常作为深海的标志。比较常见的化石有原始海绵（寒武纪—奥陶纪)、星骨海绵(志留纪—泥盆纪)、刺角海绵(泥盆纪—石炭纪)。

钙质海绵都是钙质骨针,具有大型的襟细胞。一般个体的高度都不超过10厘米。多分布在200米内的浅海区。长管海绵(石炭纪—二叠纪)可能属于这一类。

过去报道海绵动物最早的生存时代是寒武纪。近年来,世界一些地区在元古代发现一些古海绵化石,我国长江三峡地区的前寒武纪地层中最近也发现许多海绵骨针。这些发现,使海绵动物的家史向史前推进了1.8亿~1亿年。硅质海绵的时代分布从前寒武纪到现代,在地史中,最早出现钙质骨针海绵的是泥盆纪,但它们繁衍于三叠纪,晚白垩世后逐渐衰退。总之,从中生代之后海绵动物已日趋衰落。现代海洋中的海绵动物骨骼,都已经十分微弱,人们认为,这可能是它们在漫长的地史过程中,在自然选择的条件下,朝着逐渐适应于较深海区生活而演变成功的。

早在前寒武系地层里,就发现有一些化石,被认为属于原始的腔肠动物。最迟到寒武纪,已经有比较肯定的水母化石,到了奥陶纪,留下了大量各种类型的珊瑚化石。

尽管现代腔肠动物的水螅虫、钵水母、珊瑚虫和栉水母四个纲的种类有差别,但它们也有一个从简单到复杂的进化

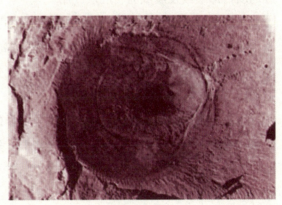

水母化石

过程。由于它们都有一个共同的特点——身体都有由细胞组成的内外两个胚层,形成两个中空的腔,也就是腔肠,因此被称为腔肠动物。

要探索腔肠动物的起源,需要结合胚胎学的知识来考虑。动物的个体发育最初由一个受精卵开始,经过多次分裂,形成由几十个到几百个细胞组成的胚胎,细胞还没有明显分化,整个胚胎形似桑葚,所以叫桑葚胚。

桑葚胚进一步发育,成为囊状或囊泡状(限于哺乳动物)的囊胚或胚泡(指哺乳动物)。组成囊壁的细胞有的大小比较一致,中央有空腔,叫做囊胚

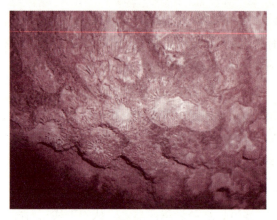

水母化石

腔；有的细胞大小不一致，囊胚腔就偏到一方。

囊胚进一步发育，一部分细胞经过复杂的移动，从表面进入内部，使单层的胚胎变成双层的胚胎，这叫原肠胚，意思是移入的内胚层细胞构成了原始的肠道。以后又在内外层之间形成了第三层细胞，成为三胚层的胚胎。

腔肠动物发展到双胚层就停止了，不再发育到三胚层，而比腔肠动物更高等的动物都继续发展成为三胚层胚胎。

从胚胎发育情况，根据生物发生律，我们可以推测腔肠动物的起源。所谓生物发生律，又叫重演律，其中心意思是高等生物胚胎发育会重演该物种进化的过程，这种重演是由遗传（生殖）及适应（营养）的生理机能所决定的。

由此看来，最早的腔肠动物，也就是最早的双胚层多细胞动物。它的起源大概和海绵动物来自不同的单细胞动物类群。先是多细胞球体的某些细胞从表面向里凹进，就像一个泄了气的橡皮球，形成了一个由双层细胞组成的碗状半球体。

由于细胞开始分化成胚层，体内就出现了组织器官的萌芽。内胚层的细胞是带鞭毛的，由于处在身体内侧，经常同吞进体内的食物打交道，就分化成为消化组织，具有消化腺的性质，能分泌酶来消化食物，成为消化腔，起了肠子的作用。当然这种肠子的作用比高等动物差得多，有的食物在细胞外的腔肠里消化，有的仍然要由组成内胚层的细胞像变形虫那样，用伪足把食物摄入细胞里消化。

腔肠的前端吞进食物的小孔叫原口，其实这个原口同时也是肛门，吃的拉的都从这个口进出。外胚层细胞处在身体外面，直接面临外界环境的变化和各种敌害的威胁，需要及时作出反应来保护自己。这里的细胞就分化成为和运动、保护、感觉有关的组织和器官。例如有一部分分化成刺细胞构成了触手，还有一部分分化成皮肌细胞，一部分分化成神经细胞（感觉细胞）。当然这种分化都是极其原始的。由于神经细胞星星点点分布全身，只要一处受到刺激，就会全身起收缩反应。再加上没有肌肉组织，行动起来还很不方便。所以一开始发展成为固着型的动物。

这种原始多细胞动物，和现代某些水螅和其他一些海生腔肠动物的幼体相类似。这种原始多细胞动物，在地球历史早期的某一个时代（前寒武纪）里，大概是海水里占优势的生物，它们依靠原生动物和单细胞植物生活和发展。

从这种原始的水螅，一方面改进组织和器官，继续成为固着型的各种珊瑚，一方面发展运动器官，改变成为游泳型的各种水母，或者兼有固着和游泳两种性能，在不同的生活史阶段或不同的时代中轮流表现出来。

腔肠动物的内外层之间也有一个中胶层，这一点和海绵动物相似，这是内外两细胞层的分泌物，中间也有从内外层里移来的细胞叫间叶细胞。但是腔肠动物的中胶层和间叶细胞都比海绵的分化程度高。

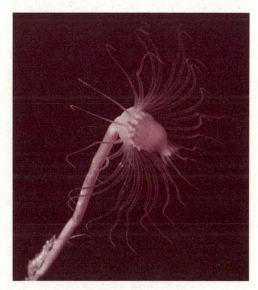

水　螅

生物学家把腔肠动物叫真正的后生动物，那是因为它不但是二胚层的动物，而且已经产生神经细胞和原始的肌肉细胞。

腔肠动物和多孔动物都是双胚层的动物，两者生活的水域也相同，在生活习性上都具固着和游泳两种方式，而且身形都是辐射对称的，从这些特点来看，它们在一定形式上是相似的。但腔肠动物体壁上没有孔，尤其是组织的分化，神经细饱和肌肉细胞的产生，说明它的细胞已有明确的分工。

腔肠动物虽然有许多不同的类群，但却有一个共同的特点：它们的受精卵经过分裂而形成套胚之后，其一端的细胞渐渐陷入体内或者部分表面细胞向内迁移，形成两层细胞的原肠腔。原肠腔再发育成具有纤毛的浮浪幼虫，浮浪幼虫在水中经过一段时间的自由游泳生活之后，便定居下来形成水螅体。但有些水螅类的浮浪幼虫，发育成有口及触手的辐形幼虫之后，才固着发育成水螅体。

腔肠动物的软体有两种基本的固定形式：水螅型和水母型。水螅型的身体一般多呈树枝状，以固着为生，它的繁殖形式是无性生殖。水母型的身体像一把伞，能够自由游泳，行有性生殖。不过，不是所有的腔肠动物都两者兼备，有的只有水螅型，有些只有水母型。那么哪一种形式是腔肠动物祖先的原形呢？

多数科学家研究认为，从腔肠动物的个体发生来看，腔肠动物的祖先形态，应该是一种和浮浪幼虫相类似的某种古动物。因为浮浪幼虫的内胚层是由一部分细胞向内迁移进入体内而形成的：最初是一种无腔的实囊幼虫，此后才重新排列而形以原肠腔。由浮浪幼虫式的动物祖先固着而形成简单的水螅型个体，以后再以出芽的方式生长成群体，其中的某些个体，又进一步发展成水母型。根据这一理论，水螅纲中的螅形类，应该是最接近于腔肠动物祖先的一个分支。例如，现生于海洋浅海区的一种薮枝螅，就具有明显世代交替的现象。

另一些科学家不同意上面的意见。他们认为，腔肠动物起源于营自由生活的原始古动物，另外从生物的繁殖方式来看，一般固着的种类往往是雌雄同体的，水螅型却是雌雄异体。根据他们的推断，水螅纲中的硬水母类则应最接近于腔肠动物的祖先，因为它的一生生活史中没有水螅型的世代，是由浮浪幼虫直接变为辐形幼虫，最后形成水母型。而水螅型可能是辐形幼虫经出芽的方式产生其他的虫而产生的。所以腔肠动物的祖先是一种原始的水母体，它是由浮浪幼虫式的祖先产生捕食器官之后，才开始营固着生活的。这种原始水母的祖先和硬水母的辐形幼虫特征很相似。原始水母可以直接进一步复杂化，形成水母型或水螅型的群体。水螅型群体可以以出芽的方式又产生水母型。

腔肠动物为什么被认为是一种原始的多细胞动物呢？原来它的水螅型的神经系统，是由分散在外胚层基部的神经细胞组成的，以神经突起的方式相互连接成分散状的神经网,而且专用于自卫、攻击用的刺细胞,大多集中在触手上,肌肉也仅仅存在于内、外胚层细胞的基部有肌纤维分化。

珊 瑚

珊瑚是波斯语 xuruhak 的汉译,汉语中的"珊瑚"狭义上指"珊瑚虫",一种构成广义"珊瑚"的捕食海洋浮游生物的低等腔肠动物;而广义上的"珊瑚"它不是个单一的生物,它是由众多珊瑚虫及其分泌物和骸骨构成的组合体,即所谓非植物类的"珊瑚树"以及非矿物类的"珊瑚礁"。

延伸阅读

海参,属海参纲(Holothurioidea),是生活在海边至8000米的海洋软体动物,据今已有6亿多年的历史,海参以海底藻类和浮游生物为食。海参全身长满肉刺,广布于世界各海洋中。我国南海沿岸种类较多,约有20余种海参可供食用,海参同人参、燕窝、鱼翅齐名,是世界八大珍品之一。海参不仅是珍贵的食品,也是名贵的药材。据《本草纲目拾遗》中记载:海参,味甘咸,补肾,益精髓,摄小便,壮阳疗痿,其性温补,足敌人参,故名海参。现代研究表明,海参具有提高记忆力、延缓性腺衰老,防止动脉硬化、糖尿病以及抗肿瘤等作用。

蠕虫动物的地位

胚胎发育时,原肠胚先是分化成双胚层胚胎,以后又在内外层之间形成第三层细胞,成为三胚层胚胎。

从动物的进化上看，继典型的双胚层动物——腔肠动物之后，也发展到三胚层动物。所有比腔肠动物高等的动物都属于三胚层动物。

在三胚层动物中，最低等的一大类，过去总称做蠕虫类，也叫蠕形动物。蠕虫，这个名字是瑞典的博物学家林奈创立的，它仅仅是一些体形大致是圆长形，并且又没有骨骼的无脊椎动物的总称。所以"蠕虫动物"实际上不能表示某一类动物，而是包括许多高度分异的动物类别，如无体腔动物（包括中生动物、扁形动物、纽形动物）、假体腔动物（包括袋形动物、棘头动物和内肛动物）及具体腔的蠕形原口动物（包括环节动物、蝇门、星虫门、鳃曳动物和帚形动物）等。

管状蠕虫

尽管由于这些蠕形动物大都身体柔软，缺少钙质、硅质、角质等构造，留下的化石不多。但是，在世界上的各个地区，几乎从前寒武纪到现代的沉积物中，都能发观一些管状的构造，它们规则地或不规则地沿着地层层面或现代沉积物的表面或其他方向"爬行"。这些管状构造，常常叫作"虫管构造"、"蠕虫状构造"等。但自然界中发生的事物不总是简单指这些"虫管构造"或称"蠕虫状构造"的成因是多方面的，有些是岩石在沉积过程中或成岩过程中由物理、化学的因素造成的。但有些则确确实实是生物的作品——"蠕虫动物"或其他动物的活动留下的遗迹。

蠕虫动物的化石是十分稀少的，绝大多数是它们的活动遗留下来的各种痕迹或居住的洞穴。正因为这样，所以现代生物学对蠕虫动物的详细分类，在古生物学上还很难使用。但无论如何，对蠕虫动物化石的研究是十分必要的，因为它对研究生物的进化有着十分重要的意义，它代表了无脊推动物演化史上的一次重大的飞跃，对地层的划分相对比也有一定的作用。

动物的起源——前寒武纪

蠕虫动物的共同特点是它们的身体体制都是两侧对称的,并且都是具有三胚层的体壁。其中,中生动物是一类微小的寄生虫,如寄生于头足类、棘皮动物或其他蠕虫动物的体内。扁形动物是一类形体扁平的无腔低等蠕虫类,一些属于扁形动物的吸虫化石,曾经发现于石炭纪、二叠纪和第三纪昆虫动物化石体中,所以扁形动物的家史也是相当古老的。涡虫扁形动物中最原始的一类代表,它的特征介于腔肠动物和其他扁形动物之间,有些科学家认为涡虫是由爬行的扁栉水母演化而来的,不过另一些科学家认为它们都是来自浮浪幼虫式的共同祖先。由于涡虫类最初具备了两侧对称和三胚层的特点,所以也常被认为是原口动物器官系统的发源。另一类无体腔动物是纽形动物,它的特点要比扁形动物进化,那是因为从它开始已经把消化循环系统分化成循环系统和消化系统。消化管已具有肛门的性质。它的化石在侏罗纪已有发现。

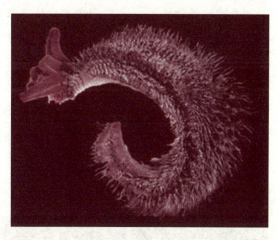

蠕虫动物

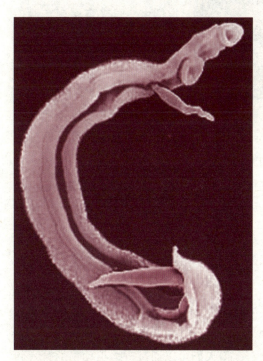

扁形动物

袋形动物是较原始的假体腔动物在动物演化史上最早出现肛门。化石曾经发现于石炭纪、白垩纪、始新世和更新世。棘头动物是一类寄生虫,在演化关系上与袋形动物或鳃曳动物有一定的亲缘关系。

在蠕虫动物中，真体腔的产生是从环节动物开始的。它的身体分节，产生闭管式的循环系统等许多比假体腔动物要进步的特点。人们十分熟悉的蚯蚓就是一种环节动物。中国安徽省北部地区发现的8.4亿年前环节动物，是迄今为止报道的最古老的蠕虫动物。关于环节动物的起源，目前也还没有十分肯定的结论。有些科学家认为是由扁形动物演变成功的，有些科学家则认为它可能起源于担轮幼虫式的祖先。现存的许多海生的蠕虫动物在它们个体发育的过程中，都经历过类似于担轮幼虫式的幼虫阶段，如环节动物的多蠕虫。

蠕虫化石

因为蠕虫动物都没有完善的"骨骼"，所以很难保存成化石。古蠕虫动物的研究也因此还未能达到现代生物学的研究水平。最完整的古蠕虫一般来自保存在琥珀中的昆虫体内。人们从这种寄生的关系知道蠕虫动物在进化过程中，早在石炭纪时它们就已走上了寄生在其他动物体内来保存自己的生存道路，这条道路是动物进化上的成功原因之一，因为它获得了舒适的生活环境从而保障了它们能够比较顺利地传宗接代，但一方面，寄生的道路却使它们从此进入了死胡同，范围狭窄而舒适的生活环境使它们在此后的进化上不可能有宽广的前景。生物学的研究已经证明，今天在地球上营自由生活的生物，只有极少数种类有可能是寄生生物的祖先演变而来的。寄生现象一方面是动物之间互惠的关系；但另一方面，不少寄生虫也在无声无息地残杀着被寄生的动物，在生物世界中，不少生物能够逃脱自然界风云变幻的恶劣环境和其他动物的利爪尖牙，却难以逃脱在寄生动物影响下引起的各种疾病而死亡的命运。

虽然很难发现保存完好的蠕虫化石，但人们可以通过古蠕虫动物的管穴和活动痕迹与现代蠕虫动物的管穴和活动痕迹进行比较。从而研究和推断某种蠕虫动物出现的时期、活动的环境和状态以及它的演变情况。还有一些蠕虫动物如环节动物的颚器，从寒武纪以来已有不少有关于蠕虫动物的颚器被发现，对它们的研究，也可以帮助人们去恢复古蠕虫动物的形态特点。

现在的动物分类学把蠕虫动物分为五个门，分别是扁形动物门、纽形动物门、线形动物门、担轮动物门、环节动物门。其中纽形动物和担轮动物是两个小门。

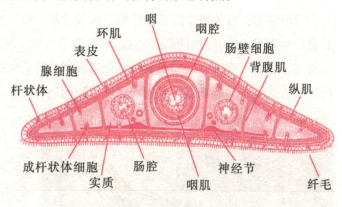

扁形动物结构

扁形动物：身体扁平，有三胚层，但是中胚层形成实质组织或间质，没有形成体腔。消化道仍像腔肠动物那样缺少肛门。排泄器是一种特殊的管道系统，叫原肾管，在间质里缕分细管，在体表某一部位有几个排泄孔通外界。身体两侧对称，可以分出上（背）下（腹）、左右、前（头）后（尾）。头部已经有脑神经节和眼点，全身出现了两根向后伸出的腹神经索，中间有许多条横的神经纤维相联络，形成一架梯子的样子，所以叫梯形神经系统。通常雌雄同体。

纽形动物：身体扁平或圆筒形，常延长成带形。从外形、独立生活、排泄器、神经系、中胚层的间质各点来看，和扁形动物的涡虫类很相似。但是纽虫有肛门，在身体的后端；接近前端的腹面有口，上面有孔，叫吻孔，能突出由肌肉构成的管状的东

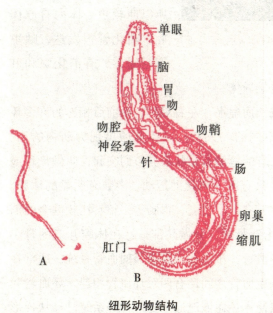

纽形动物结构

西，叫吻管，吻管收缩的时候藏在充满液体的吻腔里。吻管是捕捉食物和抵御敌人的器官。体背和两侧还有三条血管，前后端和中间互相连接，里面有血液靠体壁肌肉收缩而移动。纽形动物多雌雄异体。

线形动物：身体通常是长圆筒形，两端尖细，由三胚层形成了原体腔，内脏悬在体腔里，体腔没有隔膜分割。消化道不弯曲，前端是口，后端是肛门。没有完全的血管系统。近前部围绕消化道有神经环，由神经环分出神经索。口的周围有乳突状的感觉器，有的雄体尾部腹面还有几对尾部乳突。一般是雌雄异体。

担轮动物：主要包括轮虫纲，是一种最小的后生动物，生活在海水或淡水里。体短圆，有透明角质的壳，两侧对称。体后多数有尾，前端有一个运动用的纤毛盘，纤毛摆动的时候像一个旋转的轮盘，所以叫轮虫。体内有原体腔。消化管很发达，咽里有咀嚼器，有消化腺和肛门，排泄器也是原肾管。大多是雌雄异体。

担轮动物

环节动物：身体呈长圆筒形或长而扁平，左右对称，由前后相连的许多环节合成，这是它和前面各类动物不同的一大特点。体节的出现为动物的头、胸、腹各部分的分化提供了可能。有的体侧有足状不分节的突起，叫做疣足或侧足，也叫附肢；有的没有附肢，只有刚毛来帮助运动。多数有明显的体腔。消化道也比较复杂，已经有了口腔、食道、砂囊、胃肠等一整套比较健全的消化系统。排泄器已经由原肾管进化到肾管，分做几部分：在体腔开口的肾小口，有纤毛的细肾管，缺纤毛的排泄管，排泄孔。有明显的血管系统，通常在肠的背腹两侧有两条主血管，两条主血管之间还有四对环血管相连，环血管起着心脏的作用，通过它的跳动可以使赤色血液流通全身。神经系统已经从梯形发展成链状，头部有咽上神经节、环咽神经节和咽下神经节，腹部有一条腹神经链，链上有若干腹神经节。环节动物雌雄同体或雌雄异体，大多在海水、淡水或土壤里营自由生活，也有少数寄生。常见的环节动物如蚯蚓和蚂蟥。

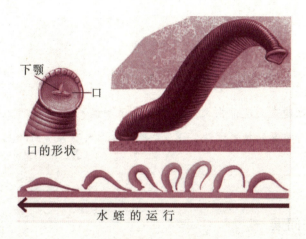

环节动物——水蛭

这几类低等动物的再生能力都很强，一般越是低等的动物再生能力越强。一条蚯蚓切断后，两段能各自再生成独立的整条蚯蚓。

蠕形动物，从系统发育来看，它的特点就是出现了中胚层。三个胚层的出现为多细胞动物的器官分化提供了更好的条件。

例如，扁形动物涡虫的中胚层就分化出了肌肉组织，使身体能伸能缩，能进能退。运动量增大，新陈代谢的机能提高，消化和排泄系统就从无到有，从简单到复杂。运动要识别方向，又促使身体前端分化出了感觉器。由于组织器官的分化更加复杂，分工更加精细，活动更加多样，这就需要一个"司令部"来统一指挥，协调动作，又促使神经细胞从分散到集中，出现了脑神经节和腹神经索。

三胚层动物从扁形动物到环节动物，中胚层开始分化成原体腔到真正的体腔，各种更加复杂的组织器官也进一步分化出来。无论是消化系统、排泄系统、神经系统和血管（循环）系统，都越来越复杂，越来越进步。

对古蠕虫动物的研究，实际上存在着许许多多难于解决的问题，正是因为它们没有完善的骨骼，因而软体也难于从地史中保存下来。但蠕虫动物在动物界的演化关系上有着举足轻重的地位，所以对古蠕虫动物的研究是今后古生物学家十分艰巨而又具有特殊意义的任务。

知识点

纤毛

从真核细胞表面延伸出来的膜包围的运动结构。具有微管束组成的核心，能够进行重复的拍击运动。许多细胞的表面具有大量的纤毛，单细胞生物借其游动。

延伸阅读

古生物学是生命科学和地球科学汇合的交叉科学。既是生命科学中唯一具有历史科学性质的时间尺度的一个独特分支，研究生命起源、发展历史、生物宏观进化模型、节奏与作用机制等历史生物学的重要基础和组成部分；又是地球科学的一个分支，研究保存在地层中的生物遗体、遗迹、化石，用以确定地层的顺序、时代，了解地壳发展的历史，推断地质史上水陆分布、气候变迁和沉积矿产形成与分布的规律。

根据研究的不同对象，古生物学分为古植物学和古动物学两大分支。随着近代生产发展的需要和科学研究的深化，古植物学分出了古孢粉学和古藻类学；古动物学分出了古无脊椎动物学和古脊椎动物学；古人类学既是人类学的分支学科，又是古脊椎动物学的分支学科；根据个体微小的动植物化石或大生物体微小部分的研究，又形成了微体古生物的分支学科，在理论和实践上显示出重要的意义。

海生无脊椎动物的早期古生代

> 包括寒武纪和奥陶纪，距今5.7亿～4.4亿年，在地球历史上叫早期古生代。这一时期，陆地上仍是一片荒凉，生命迹象十分罕见，但海洋里已经生活着形形色色的动物了，其中主要是海生无脊椎动物。古生物学家至今发现的世界各地保存有大量的化石，就是这个时代生物繁荣的重要特征。

贝壳类动物

和蠕形动物缺乏化石的情况相反，在早期古生代的地层里，贝壳类给我们留下了很多化石，甚至有一些沉积岩主要就是由含钙质的贝壳积累紧压形成的，如贝壳石灰岩。

在寒武系的地层里，有许多薄的磷灰质介壳，例如海豆芽的贝壳，大量堆积在寒武纪的海滩和浅海底部，以后成为磷矿石。随后出现了蛤蚌类、螺类的贝壳。到奥陶纪，这些动物在海洋里开始占优势，以后一直非常繁盛，并且绵延到现代。

化石研究告诉我们，蠕形动物在漫长的生存过程中向着有贝壳这种更多自我保护的方向发展了。从动物分类学看，贝壳类动物并不属于同一门。它包括

苔藓动物门、腕足动物门、帚虫动物门和软体动物门这四大门。

苔藓动物

苔藓动物以苔藓虫为代表，是生活在水里的一类微小动物，常常成为群体，有的覆盖在水里的树枝或卵石表面，很像苔藓，所以有这个名字。单个苔藓虫的软体住在薄的钙质或几丁质的壳里面，死后遗体保存下来成为化石。

苔藓动物

腕足动物

腕足动物主要盛产于古生代，以后它就衰落了，现代海洋中的腕足动物仅仅是它残留的少数属种，如海豆芽、酸浆贝等。

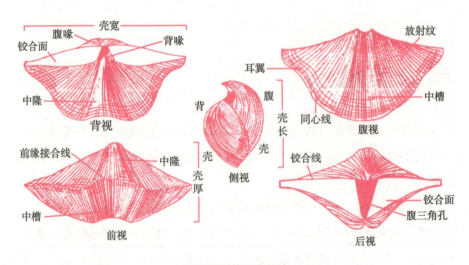

腕足动物的双壳构造

腕足动物两个壳有大小之分，大的叫腹壳，小的叫背壳。壳体的后部（即肉茎伸出的一方）中央特别高突部分叫壳顶，壳喙是壳顶向后突出而弯曲呈鸟喙状的部分。有的腕足类背壳中部常有一凸隆称中隆，沿腹壳中央常有一凹槽称中槽。腕足动物的壳表面有时很光滑，有时却生长着各种装饰，主要是以壳喙为中心的同心状纹饰（按粗细分为同心纹、同心线、同心层），还有以壳喙为出发点向前缘放射状的纹饰（按粗细分为放射纹、放射线、放射褶）。

帚虫动物

帚虫动物门是动物界的一个小门，仅有两个属，十几个种，全部是海洋底栖动物。身体呈长圆柱形，栖居在几丁质栖管中。身体分化为触手环、躯干和球根三部分。触手环呈马蹄形，上具纤毛，形状像扫帚，所以起这个名字。

软体动物

现代的软体动物门主要包括双神经纲（如石鳖）、瓣鳃纲（如蚌和牡蛎）、掘足纲、腹足纲（如蜗牛）、头足纲（如乌贼）等。

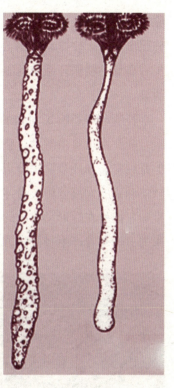

澳大利亚帚虫

软体动物和蠕形动物相比，最显著的一个特点是有贝壳。除此之外，多数种类的身体有头和足，有体腔和肛门，身体基本上左右对称，不分节（但是腹足类的某些原始种类身体上还可以看到分节的结构）。软体动物的软体外面有一个叫外套膜的包裹层，坚硬的贝壳就是由外套膜分泌的矿物质组成的。

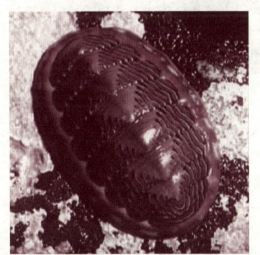

石 鳖

除以后发展到陆生的以外,在水里生活的一般都用鳃呼吸,鳃是由外胚层细胞分化出来的。软体动物的心脏有一个心室和一对(或不止一对)心耳,已经具有高等动物循环系统的雏形。神经系统也更加发达,脑的集中控制作用更加明显。

苔藓动物和腕足动物的受精卵都是先发育成为类似轮虫的幼体,长有纤毛,能在水里自由游动。整个发育过程和幼虫的形态,与环节动物十分相似,但是后来又和环节动物分道扬镳。可见这类动物和环节动物有同一祖先。又从软体动物的大部分种类身体不分节,某些腹足类的原始种类有分节结构,可以推知它们就在蠕形动物中的低等类型向环节动物发展前后的一些种类中分化出来的——向着产生贝壳的方向发展。

大乌贼

贝壳的发生对软体动物来说,一方面是提供了一种保护设备,这是对它的发展有利的。但是另一方面也限制了它的活动和生长,这又是对它的生活和形体发展不利的。所以其中有些种类如头足类的乌贼和章鱼,后来又抛弃了外面的贝壳,向着游动和进攻取食的方向发展,也取得了成功。它们游速惊人。有一种乌贼体长可以达到18米,触手长11米,重30吨,它们能撞沉船只,缠食动物和人,甚至敢和大鲸搏斗,决一雌雄。所以从软体动物发展的全部历史看,软体动物向有贝壳和没有贝壳的两极分化,在防守上和进攻上,主要还是成功的,成为无脊椎动物中经久不衰的种类。

但是由于它们向着专门适应水中生活的方向特化得厉害,失去了向更高级类型发展的条件,所以软体动物也只能成为无脊椎动物中的一个旁支。

知识点

贝 壳

是指软体动物的外套膜，具有一种特殊的腺细胞，其分泌物可形成保护身体柔软部分的钙化物，称为贝壳。

延伸阅读

无脊椎动物是指背侧没有脊柱的动物，其种类数占动物总种类数的95%。它们是动物的原始形式。动物界中除原生动物界和脊椎动物亚门以外全部门类的通称。

一切无脊柱的动物，占现存动物的90%以上。分布于世界各地，在体形上，小至原生动物，大至庞然巨物的鱿鱼。一般身体柔软，无坚硬的能附着肌肉的内骨骼，但常有坚硬的外骨骼（如大部分软体动物、甲壳动物及昆虫），用以附着肌肉及保护身体。除了没有脊椎这一点外，无脊椎动物内部并没有多少共同之处。无脊椎动物这个分类学名词以前用于与脊椎动物（该词至今仍为一个亚门的名称）相对，但在现代分类法上已经不用。地球上的无脊椎动物是脊椎动物的20多倍。无脊椎动物是一个令人难以置信的多样化的动物种系，它们没有什么共同的特征，仅仅存在一点相互有别的亲缘关系而已。有许多种类的动物，人们只能在海洋里才能发现它们，但某些种类如昆虫，却生活在陆地上，普遍存在于世界范围内。

节肢动物

蠕形动物在分化出环节动物前后，一支向着加强保护设备的方向发展，成为拟软体动物和软体动物。同时还向着既加强保护设备又继承了身体分节特点

三叶虫化石

的方向进化，保持了灵活性，又发展了附肢，成为节肢动物。

节肢动物虽然没有轮虫式的幼体，但是它和环节动物在胚胎发生初期的变化非常相似，可以推知它是从环节动物发展来的。节肢动物的化石在前寒武系地层里就已经出现，但在寒武纪大量出现的三叶虫是最重要的代表，因此寒武纪又有"三叶虫时代"之称。

三叶虫的身体明显分为头、胸、尾三个部分。在它的身体背面还有几丁质的硬壳（我们日常见到的一些甲虫的硬壳就是几丁质的，相当坚韧，不易腐蚀掉），很容易保存为化石。由于这种动物的身体明显分为三个叶（中央轴部和两侧肋部），所以就取名为三叶虫。

三叶虫的身体是由许多体节和附肢组成，它的身体和现代某些节肢动物一样卷缩起来，所以，三叶虫在分类上属于节肢动物甲壳类。虾、蟹等现代甲壳类，都是三叶虫的远亲。三叶虫大小不等，最大的有60~70厘米长，最小的只有2毫米，相差达几百倍。

三叶虫主要生活在浅海底，有的钻在泥沙里，有的随水漂流，有的还能很灵活地游动。它们在地球上主要出现时期是早期古生代，到晚寒武纪发展到最高峰，志留纪以后逐渐衰亡，到二叠纪末完全灭绝。它们的分布具有世界性，已经发现的大约有1500属，1万种。中国发现的有1000多种。

除了三叶虫，还有一类叫介形类化石，也属节肢动物。它有两个壳瓣，极微小，呈卵形、椭圆形、

介形类化石

半圆形、菱形等形状，表面光滑，或者上面有网纹、瘤、刺、突起和槽等，从晚寒武世到现代，广泛分布在世界各地。

节肢动物的外壳既能防御敌害的攻击和带病微生物的入侵，又不影响动物的活动能力。和贝壳类相比，节肢动物显然发展了贝壳类的优点，又克服了贝壳类的缺点。节肢动物有完善的运动器官，有相当发育的肌肉，神经节的集中达到了新的高度，感觉器官的分化也达到了更高水平，尤其是眼，有单眼和复眼（有的只有一种，有的两种眼并存），一般有触角，所以行动十分灵活有力。

板足鲎

水生的低等动物，作为从蠕形动物发展起的一枝，到节肢动物已经是达到了最高峰。如在奥陶纪出现的一种节肢动物叫板足鲎，体型巨大，长可以达到 2 米，胸部呈方形，腹尾部有 12 个体节，头胸部的前侧方有一对板状的游泳足，形状就像橹或桨，凶猛嗜食，是当时无脊椎动物的海洋世界里的霸主。

在今天的水生动物中，节肢动物（虾、蟹等）的地位也仅次于高等动物——脊椎动物中的鱼类。

节肢动物不仅在水里，而且以后登上了陆地，在今天的陆生动物中，它的地位也仅次于高等动物——脊椎动物中的哺乳类。特别是昆虫。就数量说，现代昆虫的种类数目超过全部其他生物的总和。

节肢动物

几丁质

又名甲壳素、甲壳质，其有效成分是几丁聚糖（壳聚糖）。在自然界中，几丁质存在于低等植物菌类、藻类的细胞，节肢动物虾、蟹、昆虫的外壳，高等植物的细胞壁等，是除纤维素以外的又一重要多糖。因几丁质的化学结构和植物纤维素非常相似，故几丁质又称做动物性纤维。

值得一提的是，节肢动物的外壳中有35％的蛋白质、30％的钙和无机盐、剩下的就是35％甲壳质。在提取几丁质的加工工艺中，需要经过酸液及碱液的处理才能得到几丁质，而后再经脱乙酰化的处理才能得到具有生理活性的几丁聚糖（壳聚糖）。因此可以说，几丁质脱乙酰化的程度越高，其有效成分的浓度就越高，相对而言对人体的生理功能也就越强。

延伸阅读

节肢动物门，是动物界最大的一门，通称节肢动物，包括人们熟知的虾、蟹、蜘蛛、蚊、蝇、蜈蚣以及已灭绝的三叶虫等。全世界约有110万～120万现存种，占整个现生物种数的75％～80％。节肢动物生活环境极其广泛，无论是海水、淡水、土壤、空中都有它们的踪迹。有些种类还寄生在其他动物的体内或体外。

棘皮动物和原索动物

在水生低等动物中，有非常特殊的一个门，就是棘皮动物门。从它成年个体的形体来看，和动物界的其他门类都相差很远。从它的体制发展水平看，却是无脊椎动物中比较复杂和高等的一类。

现代棘皮动物分五个纲：海百合、海参、海胆、海星、蛇尾。它们的身体形状是星状、球状、圆筒状，一般说是辐射对称；但是严密地说，也是左右对称的，幼虫在没有变态以前，一切构造都是左右对称的。棘皮动物的体腔十分明显，体壁组织里有从中胚层分化出来的钙质骨骼，有的相当坚固，有的成骨片埋在皮肤里，有的外面有骨针状的刺，像一只小刺猬，所以叫棘皮动物。棘有防卫敌人的作用，有时又做移动的器官。它身上有特殊水管系统，伸出成为步足，也是运动器官。

棘皮动物的化石，在奥陶纪就有了。海林檎，形状像林檎，奥陶纪和志留纪都非常繁盛，后来灭绝了。海百合，形状像百合，也出现在奥陶纪，志留纪也很繁盛，石炭纪最兴盛，以后逐渐衰减，到现代也还有少数后裔。海胆也在奥陶纪出现，石炭纪以后逐渐繁盛，现在海里还有生存。

棘皮动物也是三胚层动物，但是它的中胚层发育方式却不同于蠕形动物、软体动物和节肢动

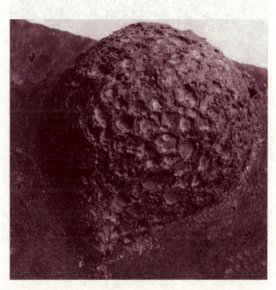

海林檎化石

物。在所有三胚层动物中，胚胎的中胚层的发生和发育有两种方式：一种叫节肢动物式，蠕形动物、软体动物也属于这一种方式；另一种就叫棘皮动物式。这说明，从双胚层动物向三胚层动物发展过程中，棘皮动物就已经和蠕形动物分道扬镳了。

奇怪的是，无脊椎动物中的原索动物以及高等动物——脊椎动物，它们的中胚层发育方式竟和棘皮动物相同。而且棘皮动物的幼体和某些原索动物的幼体异常相似，几乎很难从一般形态上把它们区别开来。这又说明，原索动物，以至整个脊索动物门，包括脊椎动物在内，在所有其他各种动物中，和棘皮动

物的亲缘关系最近。

原索动物是脊索动物门中口索、尾索、头索三个亚门的总称。现存的种类不多，全部海生。所谓脊索，是指脊索动物所特有的原始的中轴骨骼，它不像脊椎骨那样坚硬，具有弹性，能弯曲，不分节。

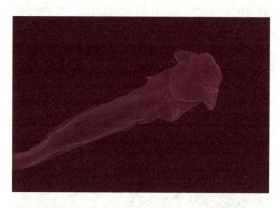

口索动物

口索动物，也叫半索动物，身体像蠕虫，左右对称，只接近口部有脊索的形迹，如柱头虫、玉沟虫等；尾索动物，也叫被囊动物，只有幼体具有脊索的尾部，成体尾部退化消失，如海鞘、海樽；头索动物，也叫无头动物，身体像鱼，头部分化不明显，终生都有脊索，咽部的壁贯穿许多鳃裂，由围鳃腔孔和外界相通，如文昌鱼。头索动物是无脊椎动物进化到脊椎动物的过渡类型。再进化，就跻身到高等动物的行列中去了。

海百合

海百合是一种始见于石炭纪的棘皮动物，生活于海里，具多条腕足，身体呈花状，表面有石灰质的壳，由于长得像植物，人们就给它们起了海百合这个植物的名字。海百合的身体有一个像植物茎一样的柄，柄上端羽状的东西是它们的触手，也叫腕。这些触手就像蕨类的叶子一样迷惑着人们认为它们是植物。海百合是一种古老的无脊椎动物，在几亿年前，海洋里到处是它们的身影。

延伸阅读

文昌鱼的传说。文昌鱼得名于厦门翔安区刘五店海屿上的文昌阁。这里是我国最先发现文昌鱼群的地方。文昌鱼是福建厦门的名贵特产，俗名鳄鱼虫。文昌鱼是珍稀名贵的海洋野生头索动物，列为中国二类重点保护对象。

古代，文昌皇帝骑着鳄鱼过海时，在鳄鱼口里掉下许多小蛆，当这批小蛆落海之后，竟变成了许多像鱼样的动物，为纪念文昌帝君的缘故取名为"文昌鱼"。嗣后这些动物在那片海域繁衍昌盛，当地渔民也以捕文昌鱼为生了。此传说固不可信，但也显示人民对祖国特产的崇爱和纯朴的想象力。

文昌鱼外形像小鱼，体侧扁，长约5厘米，半透明，头尾尖，体内有一条脊索，有背鳍、臀鳍和尾鳍。生活在沿海泥沙中，吃浮游生物。实际上文昌鱼并不是鱼，它是介于无脊椎动物和脊椎动物之间的动物，而更趋向于脊椎动物。

水生低等动物的进化脉络综述

动物和植物的区别在于生物在生活习性上向着"动"和"静"的方向发展所造成的差异。在前寒武纪和早期古生代发展起来的动物实际上全部是水生低等动物。下面我们来梳理一些水生低等动物的进化脉络。

水生低等动物是从兼有动植物特性的原始生物向活动觅食方向发展的产物。因此对于它们来说，进化就是向着更加主动、更加灵活、更加广泛的觅食的方向发展的过程。

在原始海洋这个得天独厚的环境里，单细胞的原生动物经过群体阶段，发展到多细胞动物，就是后生动物。

在后生动物中，海绵动物是原始类型的侧生的旁支，已经特化。主干是双胚层的原肠动物，即腔肠动物。

从双胚层向三胚层发展过程中，有两个分支，节肢动物式分支和棘皮动物式（也叫脊索动物式）分支。

在节肢动物式分支上，先是扁形动物和线形动物，然后又分成两支：一支向贝壳发展——软体动物；一支向体节的甲壳发展——从环节动物到节肢动物。

棘皮动物

在棘皮动物式（脊索动物式）分支上，棘皮动物也只是一个特化了的旁支，主干是脊索动物，以后发展到脊椎动物，成为动物系统发育主干中的主干。

动物界的这些分化，在早期古生代——寒武、奥陶两个纪就已经基本上实现了。这两纪时期，地壳比较平静，浅海广布，气候温暖，为水生低等动物的大发展创造了有利条件。

水生低等动物，在外界条件稳定的情况下，首先是数量剧增。水生低等植物的平行发展为它们提供食物。比如一个草履虫，一年繁殖的后代可以达到 75×10^{108} 个，尽管一个草履虫小得肉眼都不容易辨清，但是 75×10^{108} 个草履虫却可以形成一个直径1.7亿千米的大球。

动物数量剧增接着就成为推动它们分化和发展的一种动力。因为原始海洋里的食物毕竟有限，虽然由于水生低等植物在随时制造而得到不断补充，但是还是供不应求。于是动物的种间和种内都会发生激烈的生存斗争。这就

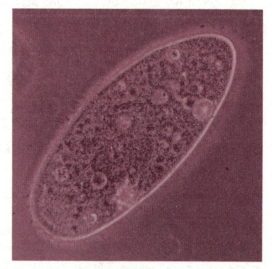

草履虫

促使它们向适应各种多变环境的方向发展自己，趋利避害，以求得个体和种的生存和发展。这是水生低等动物进化的主要外因条件。

促使水生低等动物进化的内因是动物身体内部的遗传和变异的矛盾和斗争。

首先是原生动物从单细胞结合成为细胞群体，细胞内部的原生质有了分化，产生了细胞间的初步分工，形成运动细胞和生殖细胞。

进一步群体里不同部分的细胞之间产生了明显的分工，就发展成为多细胞个体。细胞功能开始趋向专职化，结果产生最简单的组织。海绵可以作为这个发展阶段的代表。

进化的下一个阶段是组织水平上的分化和器官的发生，形成了双胚层，这相当于腔肠动物的发展阶段。内胚层细胞以后分化成为消化道、腺体（包括肝和胰）及呼吸道。外胚层细胞以后分化成为表皮和它的附属结构，还分化出脑和神经系统。

中胚层的出现是生物进化上的又一个重大转折点。中胚层细胞以后分化成为肌肉、内脏器官的外膜、排泄系统、循环系统、骨和软骨、真皮、脊索。

蠕形动物、软体动物、节肢动物、棘皮动物、脊索动物就都是在这三个胚层细胞基础上在器官水平上的分化的产物。这一阶段，动物的体制的结构基本上已经一致，它们的形态和结构虽然千差万别，主要是在适应各种不同环境中产生的辐射性形态变化，没有在体制水平上发生变革性的重大进展。

动物从细胞水平上的分化到组织水平上的分化再到器官水平上的分化，使动物身体的各个系统越来越完善。

首先是消化系统和排泄系统，然后是循环系统和呼吸系统，它们的完善化提高了动物身体里新陈代谢的效率，提高了食物利用的效率，使它们在生存斗争中处于有利的地位。

生殖系统的完善化使动物在繁殖后代上更能适应各种不利的环境条件，为种的保存和发展打下基础。

特别是运动器官，支持和保护设备是和动物的趋利避害、保存自己直接相关的。这些方面的分化也更加显著。

运动器官，从原始的鞭毛发展到触手，就使动物从张口待食发展到伸手取食；从原始的伪足发展到各种类型的肌肉足和附肢，就使动物能更灵活地行动和追逐食物。但是在动物的系统发育中，也有由于某种不利的环境条件，使某些类型或者某些种类由营自由生活又返回到营固着生活，如海绵、水螅和珊瑚以及某些棘皮动物和原索动物，它们虽然得到个体和种类的保存，但是限制了进一步发展的可能，使它们只能成为进化系统中的一些旁支。

动物运动机能的水平还和它们的体形有关。比较低等的动物体形都是辐射对称的，这种体形分不清前后左右，只能进行简单的没有定向的活动。比较高等的动物体形都发展到左右对称，前后端明显区别，这就使动物能有比较复杂的定向的活动。

随着器官系统的分化和改进，特别是运动机能的加强，神经系统也从分散到集中，使动物的主动性不断提高，而动物主动性的提高反过来又推动动物其他各个系统的发展和进化。

原始的单细胞动物的主动性很差，它们没有脑和神经，只有简单的刺激感应性。它们随波逐流，碰上食物就吃。变形虫的运动摄食就像瞎猫碰死老鼠，只有撞到食物才能全身作出反应。草履虫稍微高明一些，已经能够分辨食物和非食物、有利刺激和不利刺激，并且会主动进攻敌人，这种反应可以看做动物主动性的萌芽。即使到了多细胞的海绵动物，身体上还没有分化出任何神经细胞。最初分化出神经系统的是简单的腔肠动物，如水螅。它们遍身分布着感觉细胞，构成网状神经，能传导外界刺激，及早感知周围的食物，并及时作出反应，通过触手的伸缩来捕捉食物。

到了腔肠动物的水母类型，感觉细胞集中成八个感觉球，每个感觉球里有眼点，有一定的感光能力，并且出现了初步集中起来的神经环，它的摄食本领就比水螅强。

神经的继续集中，形成了从扁形动物到环节动物的各种神经节，特别是脑神经节。在环节动物那里，由于身体分节，能伸缩自如，又促进了各个体节里神经细胞的集中，在每一体节里形成一对神经节。这样一来，对于整体来说神经系统又分散了，于是又导致脑神经系统更加发达，以便协调和控制各个体节里的神经节。到了节肢动物，神经系统的集中到了新的高度，这也有利于使各种组织器官的分化更加精致完善，运动器官和感觉器官等的分化达到了更高水平。

从扁形动物到节肢动物,腹部神经系统也越来越集中发达,但是它们都只有实心的神经索,而没有中空的神经管。等到动物发展到有中空的背神经管并且从它发展出真正的头脑,同时发展出支持头脑和身体的脊椎骨,无脊椎动物也就发展到脊椎动物了。

需要注意的是,在动物进化的过程中,并不是动物自己有一个内在的主宰力量,可以使自己的身体形态结构去适应环境条件,更不是说外界有一个什么主宰力量,可以为了某种目的去随意塑造出各种类型的动物。实际上,动物身体形态结构不断发生演变,归根结底是由于内部遗传基因的突变。而在各种突变中,通过自然选择的作用,凡是有利于生存斗争的变异得到保存和积累,于是从一个原来的物种产生性状分歧,形成变种,并且由于中间类型的灭绝而形成不同的种以及不同的属、科、目、纲、门之间的差别。

知识点

腺　体

指动物机体能够产生特殊物质的组织,这种物质主要为激素(荷尔蒙),激素通过血液输送到体内或外分泌腺。"腺体"的归类方式很多,可以依照组织所在部位、功能(作用)划分,解剖学和生理学上归类不完全相同。

▶ 延伸阅读

草履虫全身由一个细胞组成,体内有一对成型的细胞核,即营养核(又称大核)和生殖核(又称遗传核、小核),进行有性生殖时,小核分裂,大核消失,小核渐渐生长形成新的大核和小核,故称其为真核生物。其身体表面包着一层表膜,除了维持草履虫的体形外,还负责内外气体交换,吸收水里的氧

气，排出二氧化碳。膜上密密地长着近万根纤毛，靠纤毛的划动在水中旋转运动。它身体的一侧有一条凹入的小沟，叫"口沟"，相当于草履虫的"嘴巴"。口沟内的密长的纤毛摆动时，能把水里的细菌和有机碎屑作为食物摆进口沟，无口沟的一侧会以边为顶点进行圆周旋转，更大的碎屑被纤毛排出，再进入草履虫体内，形成食物泡，供其慢慢消化吸收。食物残渣由胞肛排出。

草履虫的生殖方式是多种多样的，可分无性、接合、内合、自配、质配等等。

生物圈里有许多单细胞生物，它们在我们周围，与我们的生活、生产关系非常密切，草履虫是其中之一。草履虫由于主要以细菌为食，所以可以净化污水。

鱼类及无脊椎动物的中期古生代

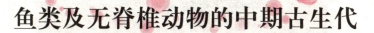

随着早期的陆生植物的登陆，包括志留纪和泥盆纪在内的中期古生代来到了，中期古生代距今4.4亿～3.5亿年。这一时期是地球上的生命从水生到陆生、从无脊椎动物到脊椎动物发展的重要阶段。

脊椎动物出现了大量原始类别，并开始了自己的进化征程。从低级的没有下颌的无颌类"鱼形"动物到具有颌骨并带"盔甲"的盾皮鱼类一直到两栖类的出现，都是动物演化史几次重要的进化。

 无颌、有颌及鱼鳍的进化

无颌类鱼

前面我们介绍了头索动物是无脊椎动物进化到脊椎动物的过渡类型。之所以这样说，是因为和现代鱼类相比，头索动物还缺少了一些东西，如明显的头部、脑、上下颌、胸腹鳍和脊椎骨等。从头索动物发展到鱼类的过程，也就是逐渐产生这些东西的过程。

在现存的鱼形脊椎动物中，有一类比鱼类低等的，就是圆口类。圆口类的特点是圆口，没有上下颌，也叫无颌类。这是从无颌的头索动物发展到有颌的

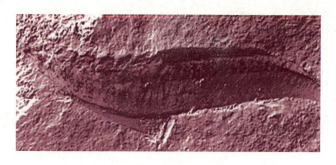

无颌类鱼化石

鱼类,中间的一个过渡类型。

现在已经发现的最早的属于鱼形动物的化石,是在美国科罗拉多州的奥陶系的淡水沉积里发现的鳞片。这只能说明那时已经有身上有鳞甲的脊椎动物。从英格兰的志留系中部地层里还发现过一种骨骼化石,命名叫莫氏鱼。据分析,它可能很接近于现代无颌类七鳃鳗的祖先。它是一种小型的、身体细长的管状动物,前端有一个吸盘状的嘴,头部两侧,在眼的后面,各有一排圆形的鳃孔,有一条尾鳍,可能还有侧鳍褶和一条长的背鳍。

莫氏鱼

到了泥盆纪,早期的脊椎动物达到了繁盛时期,大量的泥盆纪脊椎动物化石在世界各地都有发现。这些最早的脊椎动物属于无颌纲,它们没有上下颌骨,作为取食器官的口不能有效地张合,因此它们获取广泛食物资源的能力就很受限制。它们没有真正的偶鳍,也没有骨质的中轴骨骼,这类动物统称为甲胄鱼类。有代表性的甲胄鱼体表具有发育较好的由骨板或鳞甲组成的甲胄,这便是"甲胄鱼"这一名称的由来。

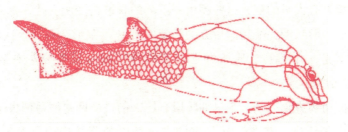

泥盆纪甲胄鱼

甲胄作为防卫工具，对甲胄鱼类保存个体和物种有利。但是甲胄限制了它们的运动。尽管它们以后又向硬骨退化的方向发展，牺牲保护设备来增加灵活性，但是在遇到比它们优胜的水生脊椎动物——有颌的真正鱼类出来和它们竞争的时候，它们就只能退出历史舞台了。所以到泥盆纪晚期，甲胄鱼类就灭绝了，只留下了它们的化石，成为化石鱼类了。

此外，不同类群的甲胄鱼彼此之间差异很大。很可能这些不同类群在其有化石记录的时代之前，已经各自经历了长期的进化过程。

只有现代圆口类的一支——可能是属于缺甲鱼类的类似莫氏鱼的这种类型的后裔——由于适应了寄生生活，得以繁衍到今天。

无颌类向有颌的进化

甲胄鱼类是在和有颌的真正鱼类竞争中被淘汰的。在脊椎动物的进化史上，继无颌类阶段之后的下一阶段，就是向有颌发展。

由较早期的动物向较晚期的动物进化的过程，实际上是通过其结构由一种功能向另一种功能转变来完成的。颌就是由一些原来执行的功能与取食并无关系的结构转变而来的。

甲胄鱼类

甲胄鱼类有大量的鳃，这些鳃由一系列的骨骼构造所支持，每一构造由数节骨头组成，形状像尖端指向后方的躺着的"∨"字形。每一个这样的"∨"字形构造就是一个鳃弓。原始脊椎动物所有的鳃弓排列成左右两排横卧的"∨"字形结构：＞＞＞＞。

在脊椎动物进化的某一个早期阶段，原来前边的两对鳃弓消失了，第三对鳃弓上长出了牙齿，并在"∨"字的尖端处以关节结构铰合在一起。这样，能够张合自如，有效地咬啮食物的上下颌形成了，脊椎动物从此真正地张开了"血盆大口"。

颌的出现，改变了无颌类依靠水流进入口咽的细小食物生活的被动取食方式，而变成利用上下颌咬合的主动捕食方式。这样就大大增加了获得食物的机会。

颌不仅作为主动捕食的器官，进一步又发展成为食物加工的器官，通过撕、切、嚼、磨等方式，使食物的利用率大大增加。

颌的作用还远远超出了捕食和加工食物的范围。对于脊椎动物来说，颌是生存竞争的有力武器，还表现在搏斗中用来进攻和防御，在平时日常生活中简直起着相当于人类双手的重要作用。随着颌的产生和发展，动物的整个身体结构、其他器官以及生理机能也得到改进和提高，促使脊椎动物向着更广阔的范围辐射发展。

鱼鳍的演化

在头索动物文昌鱼身上，已经有了鳍，主要是一个很小的尾鳍。另外背上有一条皮褶，腹部有一对皮褶。

发展到了脊椎动物的无颌类，现代圆口类有了背鳍，但是仍旧没有胸鳍和腹鳍。古代甲胄鱼类开始有了胸鳍，但是形状多样，如胸角、胸刺等；仍旧没有腹鳍。只有到了鱼类，才有了腹鳍。

鱼类的鳍一共有五种：背鳍、尾鳍、臀鳍，这三种鳍因为常不成对，所以总称奇鳍；胸鳍和腹鳍，这两种鳍都是成对的，所以总称偶鳍。

鳍是鱼形动物的主要运动器官。对于水里的鱼形动物来说，游泳主要是靠尾鳍推进的，所以最先发展起来的是尾鳍。

至于偶鳍，起着保持身体平衡、迅速改变运动方向和急"煞车"的作用，对于完善鱼形动物的运动机能也有一定的意义。

但是，从整个脊椎动物发展的历史来看，偶鳍出现的意义却远比奇鳍重大。这是因为，未来的更加高等的脊椎动物的四肢，正是从鱼类的偶鳍发展而来的。鱼类以后正是靠发展偶鳍爬上了陆地，连鸟类的翅膀、人类的手也只是鱼类胸鳍的变形。

正是因为这样，人们把偶鳍的发生和发展也看做脊椎动物进化史上的一件大事。以前的科学家认为偶鳍也是由鳃弓变来的。但是从胚胎学和古生物学的研究结果知道，偶鳍和奇鳍都是由鳍褶变来的。文昌鱼有一对腹鳍褶。在头甲鱼和缺甲鱼的腹面两侧，从胸鳍到肛门之间也都有一对突出的纵棱，这是腹鳍褶的残余。在早期的头甲鱼身上，胸鳍还处在萌芽阶段，可以看出它们和后面的腹侧棱还是连续的，这说明胸鳍和腹鳍是由原来连续的两条鳍褶变来的。

从鳍褶演变成偶鳍，先是皮膜状的鳍褶中断，裂成几个不连续的部分，并且不断产生硬的鳍条，以后有的部分慢慢退化，最后剩下两个，就是胸鳍和腹鳍。原始的偶鳍和奇鳍一样，基部是宽的，后来由宽变窄，增加了运动的灵活性。

胸鳍由肩带和躯体相连接，腹鳍由腰带和躯体相连接。鱼类的肩带是和头骨固着在一起的。

鱼　鳍

颌

多数脊椎动物构成口腔上下部的骨骼和肌肉组织。上部称上颌，下部称下颌，俗称"下巴"。

延伸阅读

科罗拉多州是美国落基山区的一个州。东接堪萨斯州，南界俄克拉荷马州和新墨西哥州，西邻犹他州，北与怀俄明州和内布拉斯加州接壤。

全州面积 269997 平方公里，在 50 州内列第 8 位。人口 4753377（2006年），在 50 州内列第 26 位。首府丹佛市（Denver）。州名来源于西班牙语，意为"红色的"。1876 年建州，因恰为美国独立后的一百年，别名"百年州"。主要城市均分布在落基山东麓，有丹佛、科罗拉多斯普林斯、普韦布洛等。科罗拉多州的邮政缩写是 CO。州花是落基山耧斗菜（Locky Mountain Columbine）。州鸟是百灵鹉（Lark Bunt）。州树是云杉（Cololado Blue Spluce）。座右铭是"没有上帝就没有一切"（Nothing without the deity）。

鱼类的进化

随着颌的出现和偶鳍的发生和发展，无颌类进化到了鱼类。我们前面举出的无颌类，现代的代表是圆口类，古代的代表是甲胄鱼类。但是应该说明，发展成为鱼类的无颌类，既不是圆口类，也不是甲胄鱼类，它们都只是无颌类中的一些旁支。因为，圆口类只是缺甲鱼类中的一些残余种类，它们没有资格作为鱼类的直接祖先；而甲胄鱼类的身体已经特化，走上灭绝的道路，无论是它的带坚硬骨板的类型，还是退化到缺甲的类型，都不可能再发展到有颌的鱼类。由此看来，鱼类的直接祖先，应该是在特化成为甲胄鱼类之前的原始的无颌类。

我们知道，甲胄鱼类是在志留纪到泥盆纪突然大量出现的，而且形态上已经多样化。按照一般的生物进化规律，一种类型的生物总是从少到多、从简单到复杂。可以想象，早在志留纪或奥陶纪之前，一定有过一段时期，无颌类还处在一般化的没有很大分化的发展阶段。鱼类应该是从这些早期的原始无颌类中的某些种类发展而来的。

现在的科学家都认为，在志留纪或者更早一些在奥陶纪的水域里，曾经有许多原始鱼类都在作着进化的尝试，但是它们之中的大部分都是这种尝试的失败者，它们在探索生命进化的道路上钻进了死胡同，成为昙花一现的过客。只有少数类型探索到成功的道路，终于成为现代鱼类的祖先，而在水域里称霸。

棘鱼

在志留系上部地层里曾经发现许多鳞和棘刺。结合以后特别是泥盆系地层里发现的一些比较完整的化石，认为这些鳞和棘刺是属于一类原始的鱼类，叫棘鱼类。棘鱼类从志留纪晚期出现，到泥盆纪早期发展到它们进化的顶峰，以后逐渐衰落，一直到二叠纪灭绝。它是在淡水里生活的，在它们生存的时代里，分布在各大陆区的河流、湖泊和沼泽里。

棘鱼的体形像纺锤，已经很像现代的鱼类。它们的身体后部向上微微翘起，后面长了一个上叶大、下叶小的歪尾。背部有两个大的三角形背鳍，由皮质的蹼组成，前缘有一根强壮的棘刺支持。在身体下侧和后面一个背鳍相对称的地方有一个臀鳍，也长有棘刺。除胸鳍和腹鳍外，中间还有几对比较小的副鳍，这些鳍也都有棘刺。鳍的皮质构造和这些副鳍的存在正表示棘鱼的原始性，这些副鳍可能是它们的祖先的连续的鳍褶的残余，棘鱼的鳍基部还比较宽。

棘鱼往往有皮质的甲胄或者菱形的鳞片覆盖全身，头上规则地排列着小骨板。靠前面有一对大眼睛，每只眼睛周围有一圈骨板保护。这说明它们的视觉很好，和无颌类主要靠嗅觉活动的不一样。

从棘鱼身上，我们可以看到最原始的颌。它的颌后第一对鳃弓就是舌弓，上部刚刚开始增大向舌颌骨的方向发展。舌颌骨在高等动物里起着连接脑颅和颌的作用，已经完全失去呼吸机能，但是在棘鱼里舌弓和颌之间还留有鳃孔，表示舌弓还在起呼吸作用，只是舌弓上端多少已经具有关节作用了。棘鱼的鳃孔已经不像无颌类那样露在外面，两侧各有五个鳃小盖覆盖在五个鳃弓上，在这些鳃小盖之上是一块大而坚硬的骨质棒和皮褶组成的鳃盖。它和现代某些鱼类的鳃盖一样也是从舌弓后缘向后伸出的，所以可能是同样起源的。

盾皮鱼

在志留系上部特别是泥盆系地层里，还有一大类原始鱼类化石。这种原始鱼类，总称盾皮鱼类。

盾皮鱼

盾皮鱼类有原始的上下颌，有偶鳍。它们身体前部都裹有盾甲般的骨板，所以叫盾皮鱼。不过它和甲胄鱼类的一整块骨板不同，已经分裂成好几块，头部的骨板——头甲和胸部的骨板——胸甲之间由头甲两侧的关节窝和胸甲两侧的关节突铰合在一起，这样头部就能上下活动。

盾皮鱼大多数生活在淡水里，也有一些种类是海生的。它们也出现在志留纪晚期，在泥盆纪有一个时期在它所生存的水域里称霸。但是它们的好景不长，接近泥盆纪末期，大多数趋于灭绝，到接近古生代末期，几乎全部灭绝。

盾皮鱼在泥盆纪早期就已经分化，沿着各式各样的路线发展。现在一般分成节颈鱼类、胴甲鱼类、褶齿鱼类、叶鳞鱼类、扁平鱼类、硬鲛类、古椎鱼类。除前面两类外，其余几类都是一些小类群。

原始鱼类中的棘鱼类和盾皮鱼类都出现在志留纪晚期，到泥盆纪达到高峰。它们和无颌类的甲胄鱼平行发展。

软骨鱼类和硬骨鱼类

从地质情况看，志留纪后期到泥盆纪，地壳构造变动比较大，形成普遍海退，陆地范围扩大，地形起伏复杂，湖泊、河流和海湾有了广泛的分布。水域的多样化促进了早期水生脊椎动物的发展和分化，也使它们相互之间以及和水生无脊椎动物的生存竞争越来越激烈。因此促使某些水生脊椎动物向着防御手段方向发展，甲胄鱼类的甲胄，盾皮鱼类的盾甲，棘鱼类的棘刺，都是防御的重要手段。

但是甲胄和盾甲又成了进一步发展的累赘，成了阻碍进化的绊脚石。其中无颌类的甲胄鱼类由于没有颌以及偶鳍的更加原始，在竞争中处于最不利的地位，所以灭绝最早。但是盾皮鱼和棘鱼也高明不了多少，到头来最终还是失败了。

在这一场生存竞争中，另外有两类原始鱼类却取得了成功，这就是软骨鱼类和硬骨鱼类。

据研究，盾皮鱼的脑颅、神经器官和胸鳍等的内部构造和软骨鱼相似，看来盾皮鱼和软骨鱼有亲缘关系。棘鱼的形体构造包括吻部、眼睛、鼻孔等却和硬骨鱼相似，表明棘鱼和硬骨鱼有亲缘关系。但是这并不是说，软骨鱼是从盾皮鱼演变来的，硬骨鱼是从棘鱼演变来的。因为盾皮鱼和棘鱼的形体构造都已经特化，在进化路线上已经走上了歧途，等待它们的命运是灭绝。更有可能的是，由同一种早期无颌类发展成为软骨鱼一支和特化了的盾皮鱼一支，又由另一种早期无颌类发展成为硬骨鱼一支和特化了的棘鱼一支。那特化了的两支都被证明是尝试的失败者，而另外两支作为尝试的成功者，成为今天水域里的统治者。

软骨鱼类

软骨鱼类即一般所说的鲨类，几乎全部是海洋动物。它们在整个生活史中

软骨鱼类

始终是软骨质的,骨骼中的坚硬部分通常仅仅包括牙齿和各种棘,大多数的化石软骨鱼类就是从这些东西得知的,偶尔也会有充分钙化了的颅骨和脊椎等被保存为化石。

已知最早的鲨类是裂口鲨属,化石发现于美国伊利湖南岸晚泥盆纪克利夫兰页岩中。身长约1米,体形似鱼雷;有一条大歪尾,不能活动的成对的胸鳍和腹鳍凭借宽阔的基部附着在身体上,另外在尾的基部还有一对小的水平鳍。

裂口鲨的上颌骨由两个关节连接在颅骨上,一个是眶后关节,紧挨在眼睛后边,另一个在头骨后部,舌颌骨在这里形成颅骨与上颌背部的连接杆。

这种上颌与颅骨的连接形式称为双接型,是相当原始的连接方式。裂口鲨的上颌仅由一块腭方骨组成,下颌也仅有一块骨头,称为下颌骨。牙齿中间有一个高齿尖,其两侧各有一个低齿尖,许多古老软骨鱼类的牙齿都是这种原始结构。颌之后有六对鳃弓(或称鳃条)。

裂口鲨的结构在许多方面都是鲨类中原始的模式,可以认为它接近鲨类进化系统中央主干的基点,后期的鲨类可能是从这里出发沿着各个方向进化出来的,它们包括:

①肋刺鲨类:双接型的颌。背鳍长,尾鳍与身体成一直线向后直伸形成尖尾(称为圆尾型)。头后具长刺。牙齿由三个齿叶组成,两侧齿尖高。中央齿尖低;从石炭纪和二叠纪发展起来,生活在古生代晚期淡水的湖泊与河流中,是鲨类进化的侧支。

②弓鲛类:是现代鲨类(真鲨类)最早和最原始的类型。后面的牙齿不像前边的牙齿那样尖锐,呈低而宽阔的齿冠,具有压碎软体动物介壳的功能。最初出现于泥盆纪晚期,演化史经过了中生代达到新生代的开始时期。

③异齿鲨类:较原始的真鲨类,是弓鲛类稍有变异的后代。出现于中生

代，种类较少。牙齿具有压碎的功能。

④六鳃鲨类：一个较小的肉食性类群，出现于中生代，也被认为是弓鲛类与真鲨类之间的连续环节。

⑤鼠鲨类：现代鲨类。颌的连接方式改变为舌接型，即依靠舌颌骨与头骨的后部相连接，使颌的活动性得以增强。兴起于中生代，尤其是侏罗纪。

⑥鳐类：扁平，适于底栖生活，为高度特化了的现代鲨类。

以上各目组成了软骨鱼纲中最为繁盛的一大类群——板鳃亚纲。另外一个种类不多、生活在深海中的软骨鱼类群，因其独特的自接型颌骨连接方式而被分为一个单独的亚纲——全头亚纲。银鲛类是这一亚纲的代表，其进化历史可以追溯到侏罗纪早期。

在古生代晚期的地层中还发现了数量极多的适于研磨的齿板，统称为缓齿鲨类，其亲缘关系尚不能确定。

软骨鱼类一直是很成功的脊椎动物，虽然它们的种属从来不很多，但是所发展出来的类型，对其环境总是能够异常完善地适应。从泥盆纪到现代，它们一直生活在世界的各个海洋中（极少数在淡水水域），成功地控制着它们的对抗者，甚至压制着与它们生活在同一生态环境中的更高级的动物类群。

（2）硬骨鱼类

硬骨鱼类是水域中最成功的征服者，从涓涓的溪流到奔腾的江河，从陆地上的池塘、湖泊到浩渺的海洋，几乎都是它们的世界。我们现在食用的鱼类几乎都是各种类型的硬骨鱼。

硬骨鱼类具有高度进步的骨化了的骨骼。头骨在外层由数量很多的骨片御接拼成一整幅复杂的图式，覆盖着头的顶部和侧面，并向后覆盖在鳃上。鳃弓由一系列以关节相连的骨链组成；整个鳃部又被一单块的骨片——鳃盖骨所覆盖，因此硬骨鱼在鳃盖骨的后部活动的边缘形成鳃的单个的水流出口。硬骨鱼的喷水孔大为缩小，有的甚至消失了。大多数硬骨鱼由舌颌骨将颌骨与颅骨以舌接型的连接方式相关连。

脊椎骨有一个线轴形的中心骨体，称为椎体；椎体互相关连成一条支持身体的能动的主干。椎体向上伸出棘刺，称为髓棘，尾部的椎体还向下伸出棘刺，称为脉棘；在胸部则由椎体的两侧与肋骨相关连。有一个复合的肩带，通常与头骨相连接，胸鳍也与肩带相关连。所有的鳍内部均有硬骨质的鳍条支持。

体外覆盖的鳞片完全骨化。原始硬骨鱼类的鳞厚重，通常呈菱形，可分为两种类型：一种是以早期的肺鱼和总鳍鱼为代表的齿鳞，另一种是以早期的辐鳍鱼类为代表的硬鳞。随着硬骨鱼类的进化发展，鳞片的厚度逐渐减薄，最后，进步的硬骨鱼仅有一薄层骨质鳞片。原始的硬骨鱼类有具机能性的肺，但大多数硬骨鱼的肺已经转化成有助于控制浮力的鳔。硬骨鱼类的眼睛通常较大，在其生活中起着重要作用；嗅觉的作用退为次要。

硬骨鱼类最早出现于泥盆纪中期的淡水沉积物中。之后，它们分化为走向不同进化道路的两大类；辐鳍鱼类（亚纲）和肉鳍鱼类（亚纲）。

泥盆纪的古鳕鱼目中的鳕鳞鱼属可以说是早期硬骨鱼类最好的代表。从鳕鳞鱼型的祖先类型发展出了各种类型的辐鳍鱼类，其进化历程可分为软骨硬鳞鱼类、全骨鱼类和真骨鱼类三个阶段，这三个阶段各自在总体上的形态特点，反映了辐鳍鱼类进化的趋向。

肉鳍亚纲包括肺鱼类和总鳍鱼类，它们在鱼类适应于水中生活的进化史上是一个旁支，但是在整个脊椎动物的进化史上却起着承上启下的关键性作用。

最早的肉鳍鱼类出现在泥盆纪，其早期种类的形态与早期的辐鳍鱼类有多方面的相似，但是一些重大的差别使二者早在泥盆纪中期就有了基本的分歧。早期的肉鳍鱼类也有歪尾，但是尾上有一个位于体轴之上的小的索上叶，这一特征在原始的辐鳍鱼类是不存在的；原始辐鳍鱼类的鳍是由平行的鳍条所支持，但是早期的肉鳍鱼类的鳍却有中轴骨头和在中轴骨两侧向远端辐射排列的较小的骨头——这种类型的鳍被称为原鳍；原始的辐鳍鱼类只有一个背鳍，早期的肉鳍鱼类却有两个背鳍；早期的肉鳍鱼类在头骨顶上两块顶骨之间有一个具感光作用的松果孔，而早期的辐鳍鱼类通常没有松果孔；早期的肉鳍鱼类眼睛不像早期辐鳍鱼类的那么大；原始的肉鳍鱼类的鳞片是齿鳞型，在鳞片基部骨层之上有厚层的齿鳞质，原始辐鳍鱼类的鳞片的齿鳞质很有限，却有厚层的釉质层覆盖在表面。

肉鳍亚纲包括总鳍鱼目和肺鱼目。

总鳍鱼类包括扇鳍亚目和空棘鱼亚目。前者是大的肉食性鱼类，见于泥盆纪至早二叠纪，多生活于淡水中，现已灭绝，如骨鳞鱼，过去认为它们是四足动物的祖先。空棘鱼类是特化类群，头骨骨片数量和牙齿数目均减少，中生代较多，如大盖鱼。矛尾鱼是其唯一的现生代表。中国发现的空棘鱼类化石有长兴鱼等。

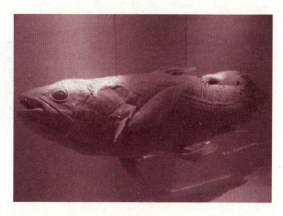

骨鳞鱼

总鳍鱼类具两个背鳍。偶鳍支持骨双列式，其基部具肉质叶。尾歪形或圆形，并具特殊的上、下叶。眼孔小。具迷齿型牙齿。身披整列质鳞。其脑颅的前部筛蝶区与后部的耳枕区之间有一条关节缝把二者分开。具一对外鼻孔。扇鳍鱼类具内鼻孔；空棘鱼类无内鼻孔。

肺鱼类繁盛于晚泥盆纪至石炭纪，至今只有少数极特化的代表生活于非洲、大洋洲和南美的赤道地区。肺鱼类内骨骼退化，骨化程度差，头骨骨片极为特殊，几乎无法与其他鱼类进行对比研究；牙齿多为齿板；脑颅中部无关节缝；偶鳍具肉质基，但支持骨为单列式；其内鼻孔经研究为移入口腔的后外鼻孔；具自接型颌。自其早期代表如双鳍鱼等，直到现代在漫长的地质历史中它们几乎没有什么重大的改变。角齿鱼是中生代较为常见的肺鱼类化石，化石多为其齿板。

空棘鱼

角齿鱼

鱼类进化的脉络

人们通过大量化石材料的研究和探讨，认识到鱼形动物从奥陶纪的甲胄鱼类开始，到现代的软骨鱼类和硬骨鱼类，在漫长的进化历史上，有一个显著的特征，这就是：在同一时期常常有几个不同类型在平行发展，而在不同时期占优势的主要角色却一直在更替。

例如在志留纪和泥盆纪，甲胄鱼类、棘鱼类和盾皮鱼类都在发展，但是志留纪还是甲胄鱼类占优势，到泥盆纪盾皮鱼类中的节颈鱼类占优势。

其实这一时期软骨鱼类和硬骨鱼类也已经开始出现，只是数量还不多。硬骨鱼类中的内鼻鱼类倒是在这个时期一开始就兴盛了一下，但是相对来说并不占优势。

到了石炭纪的时候，软骨鱼类开始繁盛。进入二叠纪以后，软骨鱼类一度衰落，硬骨鱼类中的软骨硬鳞鱼却大大发展起来。

新生代开始，硬骨鱼类中的软骨硬鳞鱼、全骨鱼、真骨鱼依次崛起，软骨鱼类又重新从衰到盛。

在这种模式的发展中，常常有一些相似的类型先后重复出现，发生所谓趋同进化。

为什么会发生这种模式的进化情况呢？

一方面，因为它们同处在水生的环境中，在环境条件中有许多共同的因素；另一方面，它们又处在激烈的生存竞争中。

适应于水生生活的条件限制是非常严格的。流线型的体形是快速游泳的鱼类所必不可少的条件。巨大的嘴和灵活的鳍对于大多数肉食性的鱼类都很重要。所以不论是哪种类型的鱼类，都有共同的这种进化趋向。甚至以后的陆生哺乳动物重新入水，也会发展出流线型的体形。

同时由于鱼类之间的竞争从过去到现在一直是相当激烈的，只要在遗传和变异过程中产生某种新的类型，能更有效地适应环境，就能代替旧的类型而在竞争中取胜。

所以，虽然在长期进化过程中有相似类型重复出现的现象，但是在总的趋同中又有高等和低等之分。

软 骨

人或脊椎动物体内的一种结缔组织。在胚胎时期，人的大部分骨骼是由软骨组成的。成年人的身体上只有鼻尖、外耳、肋骨的尖端、椎骨的连接面等处有软骨。

人和脊椎动物特有的胚胎性骨骼。可分为透明软骨、弹性软骨和纤维软骨，为一种略带弹性的坚韧组织，在机体内起支持和保护作用。由软骨细胞、纤维和基质构成。基质含有70%的水分，有机成分主要是多种蛋白，如软骨粘蛋白、胶原和软骨硬蛋白等。在胎儿和年幼期，软骨组织分布较广，后来逐渐被骨组织代替。成年人软骨存在于骨的关节面、肋软骨、气管、耳廓、椎间盘等处。

延伸阅读

鱼类，是最古老的脊椎动物。它们几乎栖居于地球上所有的水生环境——从淡水的湖泊、河流到咸水的大海和大洋。

究竟哪些动物属于"鱼"？现代分类学家给"鱼"下的定义是：终生生活在水里、用鳃呼吸、用鳍游泳的脊椎动物。鱼类包括圆口纲、软骨鱼纲和硬骨鱼纲等三大类群。

世界上现存已发现的鱼类约2.6万种，在海洋中生活的占2/3，其余的生活在淡水中。中国计有2500种。

鱼类各纲之间的差异之大就如陆生脊椎动物各纲之间。一般认为，鱼类是体滑而形如纺锤、呈流线型、具鳍、用鳃呼吸的水栖动物，但更多的种类不符合此定义。有的鱼体极长，有的极短；有的侧扁，有的扁平；有的鳍大或形状复杂，有的退化乃至消化；口、眼、鼻孔、鳃开口形状位置变化极大；有的鱼呼吸空气，浸入水中反会淹死。鱼类是人类的重要食物。过度捕捞、污染和环境变化都会破坏鱼类资源。鱼类捕食，有助于控制疟疾等蚊传疾病。鱼是行为学、生理学、生态学及医学的重要实验动物。许多鱼饲以观赏，许多种是游钓鱼。鱼体长从不足10毫米至20多米，重约1.5克至约4000千克。体色多与环境一致而具隐蔽作用，有的鱼体色鲜艳，且具斑纹，有辨识意义，有的鱼能张缩色素细胞而改变体色，有的鱼能发光。

无脊椎动物发展概况

到了中期古生代时期，无脊椎动物也有着明显的变化，古杯类、海林檎类几乎灭绝；角石类和三叶虫也显著减少；笔石和腕足类继续发展繁育，但其组成成分和硬体结构已经向着新的方向演变。此外，还有珊瑚、牙形石、竹节石、层孔虫等都是中期古生代海洋中的主人，它们有的在奥陶纪时就出现和兴起，到中期古生代则更加繁荣起来。

单笔石的时代——志留纪

笔石到志留纪明显地向着新的方向演变，志留纪笔石最主要的特征是单笔石的兴起，单笔石只有一个笔石支，它的胞管只在笔石支的一侧，另一侧没有胞管。

早志留世，笔石一般以单枝双列胞管（双笔石类，如栅笔石）和单枝单列（单笔石类，如单笔石及耙笔石）并存为特点。中志留世单枝双列胞管的笔石即已绝迹，只剩下不多的单笔石类，其中如弓笔石，笔石枝卷曲成弓形并在胞管口伸出了幼枝。晚志留世笔石更加衰落；至泥盆纪笔石只留下少数代表化石了。

腕足类的大发展

在早期古生代的基础上，中期古生代腕足类进一步向着新的方向演化，并成为中期古生代海洋中主要的动物群。

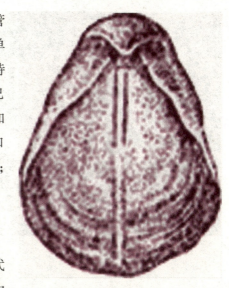

五房贝

志留纪的腕足类以五房贝类的极度繁荣为特征，如早、中志留世的五房贝，其壳面光滑，具不多的同心线，腹喙弯曲，超掩背喙。化石上常可见由壳内中隔板在壳面形成的裂缝。

泥盆纪是腕足类最繁盛的一个时代，并以石燕贝类为主，石燕贝类主要特征是背壳内有螺旋状腕骨称腕螺。这种腕螺的锥尖指向后方的两侧，因而使壳向两侧伸展，真像一对生有"翅膀"的燕子。

珊瑚虫的发展

珊瑚虫在中古生代大量繁殖于温带和热带海洋中，它们用灵敏的触手捕捉食物，送入口里，食物在体腔中

珊瑚虫

珊瑚树

消化，残渣从口中排出，口又是肛门，体腔就是肠——所以叫腔肠动物。

珊瑚虫的外胚层产生的石灰质硬体形成千姿百态的珊瑚树，它们既可以营单体生活，也可以营群体生活，群体的在一棵珊瑚树上就有千万只珊瑚虫在一起，过着集体单干的生活，无数棵"珊瑚树"，可以堆积成珊瑚岛，中国南沙群岛、东沙群岛就是一种珊瑚岛。

竹节石

竹节石是一种海生动物，于奥陶纪时出现，在志留纪、泥盆纪的中期古生代时期极为繁盛，广布于整个海洋，在中期古生代末期即灭绝了。中国南方各省如云南、广西的泥盆纪地层中就有许多竹节石化石。

竹节石的壳体通常长度只有0.1~2厘米，最长的也只有8厘米。壳体呈细长的圆锥形，辐射对称，成分为钙质。壳的尖端为原始胎室——初房，初房的形态有钝锥形、尖锥形。有的属种于初房顶端发育有一个细长的尖刺叫顶刺。壳中扩大的一端为壳口。大多数类型壳表面有平行壳口的轮环——横环。横环浑圆，角状或波状，与横环相交的还有分布均匀的纵肋。比横环和纵肋细弱的分别为横纹和纵纹。它的隔壁和头足类角石不一样，只在接近壳顶的壳体内部存在，将壳体顶端分为若干

竹节石

壳室。

一种已经灭绝的腔肠动物——层孔虫

在地史中,古海洋浅海区的海底曾经生存过一种以固着为生的古腔肠动物——层孔虫。层孔虫的骨骼常常形成巨大的礁体,因此是古海洋中重要的造礁生物之一。

层孔虫化石

层孔虫的群体形态变化非常大,但大多数呈层状、块状、柱状或树枝状,小的还不及1厘米,大的有2米。层孔虫最早出现于寒武纪,不过那时这个家族十分弱小,几乎不为人们所注意,奥陶纪到泥盆纪才是它们繁衍的黄金时期,此后这个家族又开始走向衰落,最后在白垩纪末灭绝于全球性的生物灾难之中。

由于层孔虫早在6700万年前灭绝了,所以古生物学家只能依据它的硬体遗骸的构造,来与其他生物进行比较。因此过去在很长的一段时间内被认为是藻类、有孔虫类、海绵动物、苔藓动物、珊瑚或头足类。现在绝大多数古生物学家把它归于腔肠动物水螅纲。

尽管层孔虫群体的外形多变,但它的骨骼只有两种类型:一种呈水螅型构造类型,它的骨骼是由许多密集的同心状层以及垂直于同心状层的支柱组成的。这种骨骼的组织形式,和现代生活在海洋中的一种造礁生物——水螅纲的千孔虫极其相似。所以层孔虫被认为是水螅类的动物。另一种骨骼形式是轴管状构造类型,它是带有横板的中心轴管及密布在轴管周围的泡沫状组织以及体管组成的。这种骨骼组织中的轴管形式和某些珊瑚类居住的管穴极相似,如笛管珊瑚。有轴管类的层孔虫最初出现于志留纪,但那时只有很少几种成员,到泥盆纪时才特别丰富。

层孔虫的骨骼组织形式(包括层、支柱、泡沫组织、轴管等)在地史中的变化是较大的,骨骼组织由致密状的原始层,以及分布于原始层的内、外部的丛状层所组成的层孔虫类,大多数分布于奥陶纪,志留纪就很少了。从地质分布来看,这种类型应该是比较原始的类型;由横细纤维和管状组织组成的层孔虫类以及由细点状和细孔状组成的层孔虫类,它们出现的地质时代比较晚,最早出现于志留纪,但繁衍于泥盆纪,因此认为是比较进步的类型。不过各类层孔虫之间究竟存在着何种亲缘关系,由于它们是一类早已灭绝的古动物,目前的研究还存在着许多困难,也没有得到可靠的结论,因而不得而知。另一方面,层孔虫之所以引起人们的兴趣,那是因为它是一种古造礁动物,有时还发现它与油田的分布存在着一定的关系。

中期古生代的节肢动物

中期古生代海洋中的三叶虫比起早期古生代已经大大地衰落了,但地层中

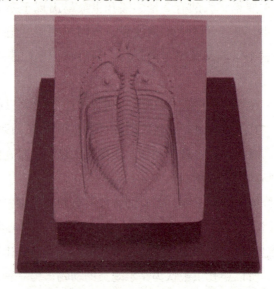

王冠虫化石

也还能见到三叶虫的一些代表属。如志留纪地层中常见的一种王冠虫,其头鞍呈倒梨形,具3~4对相连的头鞍沟,头甲具粗瘤,胸部有11个胸节,尾甲近三角形,中轴分节多于轴节。

在中期古生代繁荣的板足鲎是一种很大的节肢动物,和现代海洋里的马蹄蟹(鲎鱼)比较接近。最大的板足鲎身体长达3米左右。它有6对附肢,其中一对特别大,像蟹的大螯,上面有尖的刺。它们在水中游泳时,简直就像一支小潜艇,很可能是当时水里最凶猛的一种动物。中期古生代的一些鱼类都披有硬甲,有人认为就是专门用来对付这种板足鲎的。

节肢动物在泥盆纪开始了大规模的登陆,最早可能是蝎子、蜘蛛之类的蛛形纲动物和蜈蚣、马陆之类的多足纲动物,其次大概是昆虫和蜗牛。蛛形纲、多足纲和昆虫纲都属于节肢动物门,蜗牛属于软体动物门腹足纲。

这里特别重要的是昆虫,它是现存动物中最大的一个类群。在全部100多万种动物中,昆虫占80多万种,差不多占4/5。它不仅从水里登上了陆地,以后还进一步飞向空中,成为兼领水、陆、空的一个动物类群。现在兼领水陆空的动物类群,除了昆虫纲,只有脊椎动物中的哺乳纲,但是哺乳动物能在空中飞的不多,而且远远不如昆虫重要。

昆　虫

由于志留纪晚期到泥盆纪的地壳运动,水域面积减少,加上气候变得干旱,水生节肢动物常常处在浅滩甚至泥塘里。在适应这种环境的过程中,它们发展了气管,以便靠空气里的氧气进行呼吸。以后它们又利用附肢和分节的身体在干涸的泥地上爬行。开始它们只能在水边阴湿的地方生活,仍然保留鳃叶进行呼吸,后来终于完全登上了陆地,不再需要鳃叶,鳃叶退化,完全依靠气管来进行呼吸了。

在昆虫登陆的时候，陆地上已经有了裸蕨植物，这为登陆的昆虫提供了食物。而登陆的昆虫也正好有一对发达锐利的大颚，能够切割裸蕨的茎，使它可以据裸蕨而大嚼。我们前面提到过的，在中泥盆统地层里和裸蕨化石在一起发现的最早陆上昆虫化石，叫咀草颚虫，正具有这样的咀嚼式口器。

知识点

体　腔

动物身体内各内脏器官周围的空隙叫体腔。体腔分为真体腔和假体腔两类。假体腔存在于线虫动物门，线形动物门等是中胚层与内胚层所围成的空腔，较低等；真体腔广泛存在于环节动物、软体动物、脊索动物等所有较为高级的动物中。

➡ 延伸阅读

鲎鱼，又俗称爬上灶、夫妻鱼、鸳鸯鱼、东方鲎。鲎起源甚早，被称为活化石。最早的鲎化石见于奥陶纪（5.05亿～4.38亿年前），形态与现代鲎相似的鲎化石出现于侏罗纪（2.08亿～1.44亿年前）。现存三属：两属分布于亚洲沿岸，一属分布于北美沿岸。最熟知的种是唯一的美洲种美国鲎（Limulus polyphemus），体长可达60厘米以上。另外三种：三刺鲎（Tachypleus tridentatus），中国鲎、巨鲎（T. gigas）分布于亚洲，从日本到印度，此三个种在形态和习性上均似鲎属（Limulus）。鲎类在港湾的水域中最为丰富，冬季见于中等深度的水中，夏天在潮间带的泥滩上。鲎类一直作为人类的食物，又是软壳蟹类的天敌。如果是幼体鲎，食物以单胞藻、轮虫、丰年虫幼体、桡足类为主。如果是成体可以食虾和小鱼。最具特点的就是鲎的血是蓝色的。

鲎为暖水性的底栖节肢动物，栖息于20～60米水深的沙质底浅海区，喜潜沙穴居，只露出剑尾。食性广，以动物为主，经常以底栖和埋木本的小型甲壳动物、小型软体动物、环节动物、星虫、海豆芽等为食，有时也吃一些有机碎屑。中国鲎在中国福建沿海从4月下旬至8月底均可繁殖。自立夏至处暑进入产卵盛期。大潮时多数雄鲎抱住雌鲎成对爬到沙滩上挖穴产卵。福州平潭每到农历六月，就有大量的鲎爬上岸，当地有民谚称：六月鲎，爬上灶。

从两栖动物到爬行动物——
晚期古生代

晚期古生代又叫"两栖动物时代"，是指3.5亿~2.2亿年以前，包括石炭纪和二叠纪。在海陆变迁的新条件下，中期古生代出现的部分总鳍鱼类，逐渐建立了适应陆地生活的生态结构而演化成比较适应陆地生活的两栖类。在泥盆纪晚期出现的两栖类在晚古生代即迅速发展成为当时最重要的脊椎动物。

登上陆地

在泥盆纪的末期，当时某种肉鳍鱼类的后裔，冒险从水中出来，爬上了陆地，成为最早的两栖动物，从此，脊椎动物进入了一个与它们曾经居住了好几百万年的环境非常不同的环境。

脊椎动物登陆是一种意义更加重大的事件，也是一个更加困难的转变。对脊椎动物来说，水和陆是两种完全不同的生态环境。

从水生到陆生，首先要解决两个关键性的问题：一个是呼吸问题；一个是运动问题。

鱼类在水里是用鳃呼吸的。但是鳃一离开水，鳃丝就会干涸粘连，不能再起呼吸作用。

在现生的鱼类中我们可以看到，除了用鳃呼吸以外，也还有许多辅助的方法来适应缺氧的条件，或者说是自然选择保留下来的种种适应缺氧条件的有利构造。例如泥鳅和某些鲶鱼能用肠子进行呼吸，淡水鳗鲡、黄鳝的滑溜溜的皮肤以及口腔黏膜都能起呼吸作用，鲶鱼也有这种本领。多鳍鱼（属软骨硬鳞鱼类）、弓鳍鱼、雀鳝（都属全骨鱼类）和肺鱼都已经具有司呼吸作用的肺或鳔。

淡水鳗鲡

但是，尽管鱼类中有不少种类已经有了呼吸空气里氧气的本领，要真正摆脱水的环境还相差很远。

要呼吸空气里的氧气，不但要有发达的肺，而且要有相应的一套呼吸器官。一般鱼类只有外鼻孔，是一种嗅觉器官，却和体腔不通。要用肺呼吸，还需要有内鼻孔，把外鼻孔和口腔、肺部连接起来。前面我们提到过有一类鱼叫内鼻鱼类，包括肺鱼类和总鳍鱼类，就正具有这种内鼻孔，所以内鼻鱼类在呼吸器官方面是最适宜陆上生活的。

这就是说，鱼类要登陆，要过呼吸关，必须按照内鼻鱼类的方向去发展呼吸器官。

鱼类要登陆，不仅要过呼吸关，还要过运动关。

鱼在水里能够劈波逐浪，来去倏忽。可是鱼一上陆，就动弹不得，寸步难移。这是为什么？原来鱼在水里沾了水的浮力的光，水的浮力把它的体重给抵消了。按理说空气也有浮力，但是物体所受浮力大小和介质的比重成正比。空气比重只有水的1/750，所以空气的浮力远远抵消不了鱼类的体重。

这就是说，鱼类要上陆，首先得有一种适当的器官去支持自己的体重，而且能够带动自己的身体在地面上运动。这种器官在陆生脊椎动物身上就是四肢。

　　鱼类中在这方面得天独厚的又是内鼻鱼类，是内鼻鱼类中的总鳍鱼类。它们有发达的肉质偶鳍，可以对自己的身体起有力的支撑作用，而且鳍条的骨骼是分节的，这又为它们在支撑体重的同时移动身体提供了有利条件。

　　所以，鱼类要登陆，要过运动关，必须按照总鳍鱼类的方向去发展偶鳍。总鳍鱼虽然已经具备了爬上陆地的身体结构条件，但是如果它们没有遇到被迫离开水的压力，它们也宁愿留在水里。

　　正是由于泥盆纪晚期的地壳上升，气候干旱，使地面上满布着浅窄的小河和池塘；它们一到旱季，还会干涸见底。那时候刚上陆不久的植物也大多生长在水边，残枝败叶，落入水里，腐烂发臭，并且大量消耗着水里的氧气。这就使水里的鱼类不是搁浅，就是缺氧。

真掌鳍鱼

　　在这种情况下，不少鱼类无法适应，就死亡以至灭绝了。而总鳍鱼类中像真掌鳍鱼这样的一些鱼，由于鳃之外还具备肺，鳍中又孕育着脚，在干旱的困境中就打开了一条出路，吃力地爬上了陆地。

　　同时作登陆尝试的可能还有肺鱼和一些其他鱼类，但是它们即使能暂时爬上陆地，也不能进一步适应陆上生活。有的暂时度过了一段干旱时期，一遇雨又回到了水里，最后没有能够摆脱水，如肺鱼。有的到头来仍旧灭绝，如总鳍鱼类中除了根齿鱼类中像真掌鳍鱼的那一支之外的其他种类，到现在只留下矛尾鱼一种，又回到海洋里生活。

　　只有那登陆成功的一支，以后又进一步建立起适应陆上生活的形态结构。它们在不断爬行中使鳍里的骨骼构造进一步向脚发展，还长出了趾，变得越来越像脚而不像鳍。支持四脚的整个骨架也逐渐加强，有了骨化程度越来越高的块状脊椎骨。经过陆上呼吸的长期锻炼，鳃的机能逐渐消失，肺的机能逐渐发展,逐渐演化成了更适应陆上生活的两栖类了。

氧 气

　　氧气是空气的成分之一,无色、无臭、无味。氧气比空气重,在标准状况(0℃和大气压强101325帕)下密度为1.429克/升,能溶于水,但溶解度很小。在压强为101kPa时,氧气在约-180℃时变为淡蓝色液体,在约-218℃时变成雪花状的淡蓝色固体。同时,氧分子是一种具有顺磁性的单质分子,O_2分子中存在两个三电子π键,导致了其顺磁性。

延伸阅读

　　两栖动物是最原始的陆生脊椎动物,既有适应陆地生活的新的性状,又有从鱼类祖先继承下来的适应水生生活的性状。多数两栖动物需要在水中产卵,发育过程中有变态,幼体(蝌蚪)接近于鱼类,而成体可以在陆地生活,但是有些两栖动物进行胎生或卵胎生,不需要产卵,有些从卵中孵化出来几乎就已经完成了变态,还有些终生保持幼体的形态。

　　两栖动物最初出现于古生代的泥盆纪晚期,最早的两栖动物牙齿有迷路,被称为迷齿类,在石炭纪还出现了牙齿没有迷路的壳椎类,这两类两栖动物在石炭纪和二叠纪非常繁盛,这个时代也被称为两栖动物时代。在二叠纪结束时,壳椎类全部灭绝,迷齿类也只有少数在中生代继续存活了一段时间。进入中生代以后,出现了现代类型的两栖动物,其皮肤裸露而光滑,被称为滑体两栖类。

　　现代的两栖动物种类并不少,超过4000种,分布也比较广泛,但其多样性远不如其他陆生脊椎动物,只有三个目,其中只有无尾目种类繁多,分布广泛。每个目的成员也大体有着类似的生活方式,从食性上来说,除了一些无尾目的蝌蚪食植物性食物外，均食动物性食物。两栖动物虽然也能适应多种生活环境，但是其适应力远不如更高等的其他陆生脊椎动物，既不能适应海洋的生活环境，也不能生活在极端干旱的环境中，在寒冷和酷热的季节则需要冬眠或者夏蛰。

鱼石螈的后代

根据现在的化石证据，最早的两栖类叫鱼石螈，是在格陵兰和北美洲的上泥盆统地层里找到它的化石的。

鱼石螈身长约1米，骨骼兼有鱼类和两栖类特征。

鱼石螈

它头高而窄，头骨结构坚实，上面还是鱼类鳃盖骨的残余。它的体表覆有小鳞片，身体侧扁，有一条类似鱼的尾鳍的尾巴。它的脊椎骨等结构都和总鳍鱼十分相似。如果单凭这些特征，完全可以把鱼石螈列入鱼类。

但是鱼石螈的眼睛已经后移到头骨的中部，不像总鳍鱼那样长在前端吻部。它已经长出了四肢，有强壮的肩带和腰带，能用四肢支撑起身体在地面上爬行。它的前肢的肩带已经不像鱼类那样和头骨固接在一起，表明头部已经能够活动。这些进步的特征表明它已经发展到了两栖类，应该被看成是两栖类的最古老的祖先，也就是最早上陆的脊椎动物。

鱼石螈登陆是在泥盆纪末，但是两栖类开始繁荣是在石炭纪。石炭纪时期，地球上气候温暖潮湿，石松植物和楔叶植物形成了大片原始森林，陆地上广布着池塘沼泽，为两栖类的发展提供了良好的条件。

作为最先登陆的脊椎动物，两栖类既保留了水生祖先的某些形态结构，又发展了适应陆生的某些形态结构。它的生活习性既宜水又宜陆，是水陆之间的一种过渡动物。

为了适应从水生到陆生的转变，它的某些结构或某些器官不仅在形态上有变化，在机能上也随着起变化。例如鱼类的偶鳍和两栖类的四肢，是有共同起源的，但是不仅形态上发展了，而且机能也从平衡器官变成了主要的行动器官。又如两栖类的中耳腔的柱骨（镫骨），原是从鱼类中的有颌类的舌颌骨变来的，而舌颌骨又是从无颌类的鳃弓变来的，它们的形态一而再地变化，它们的机能也一而再地变化。生物进化中像这样结构或器官的形态和机能同时变化的例子是很多的。

两栖类是水陆之间的过渡型动物，它既适应水生又适应陆生，但是同时又既不完全适应水生又不完全适应陆生。

它既然从水登了陆，有些适应水生的器官退化了，例如有些两栖动物，幼年阶段还保留水生习性和适应水生的器官如鳃，到成年阶段鳃退化了，它在水里就不能像鱼类那样自在了。

而就陆生生活来说，它虽然不断向着更加适应陆生的方向发展，但毕竟还只是在初期适应阶段，长时期离开水就受不了。

两栖类既是一种水陆之间的过渡型动物，也可以说是一种徘徊于歧途的动物。

它们的祖先鱼石螈虽然从水登上了陆地，但是在它的后裔面前仍然不时提出这样一个问题：是前进还是后退？是继续发展陆生生活还是回到水生生活去？

我们看到它们中间就有不同的选择。有的选择了第二条路，回到水里去，如始椎类、全椎类、现代的有尾类。有的选择了第一条路，如块椎类、蜥螈形类、现代的无尾类。

为什么有的前进，有的后退？这可能和各自的环境条件有关。有的栖居在靠近水多的地区，有的栖息在远离水域的地区。刚离开水不久的两栖类，它们当初原是被迫离开水的，遇到了可以恢复水生生活的机会，就乐得再回到水里去过逍遥自在的生活。而有些没有遇到这样的机会，也就不得不咬紧牙关忍受着陆地上它还不大适应的环境,并且努力去改变自己形态结构来适应陆上生活。同时这又和它们自身的遗传和变异有关,所谓努力去改变自己形态结构,并不是真的由它们自己做主去改变,而只是它们之中某些个体的不定变异正好适应这一要求,而在生存斗争中这种变异得到积累和发展。如果没有适当的变异,无法去适应这一要求,就要在生存斗争中被淘汰。

总的看来,两栖类既然已经从水里登上了陆地,再回到水里就是一种倒退。虽然也有些回到水生的两栖类保存到现在,如有尾类,但是它们毕竟已经成为无足轻重的一个残存的类群,绝大部分走回头路的都落得个灭绝的下场,如始椎类和全椎类。而坚持陆生方向的,毕竟是在前进。虽然也有由于某些不利的环境条件或由于过分特化而被淘汰了,如块椎类,或者仍然停滞在这一阶段生活到现在,如无尾类,但是在现代两栖类中无尾类还是占优势地位。特别是从蜥螈形类这一坚持陆生方向的两栖类,是脊椎动物进化的主干。蜥螈是两栖类发展到爬行类的一个中间过渡类型,它的发现说明了爬行类是由两栖类演变来的。

蜥　螈

在北美洲南部和苏联北部二叠纪地层里找到过一种蜥螈化石。它的身体构造一半像两栖类,一半像爬行类,它的头骨构造和两栖类很相似,牙齿和迷齿类一样,它的身体已经是爬行类的样子了。一般两栖类的前后足只有4个脚迹,而蜥螈和所有原始爬行类一样有5个脚迹。

蜥螈生活的时代(二叠纪、三叠纪之间)正是地球上气候干燥,甚至干旱,与两栖类比较,爬行类有更强的适应这种环境的能力,它们能在陆地上产卵,在陆地上孵化,它们也不需要像两栖类那样在水里渡过它们的幼年,从而使动物真正从水里解放出来,逐渐发展成为中生代陆地的统治者。

蜥螈的出现是中生代爬行动物发展的前奏，预示着爬行动物时代的即将来临。

器　官

器官是由多种组织构成的能行使一定功能的结构单位。器官是生物体中自己具有一定功能，承担生物体一定的工作，是生物结构层次中比组织高一级的层次。

动物的器官十分复杂，数不胜数，很难具体地列出有哪些器官。不过，很多不同的器官有相似的功能，它们的功能大致可以分为消化、神经、运动、呼吸、循环、泌尿、生殖、内分泌这八种功能。

植物的器官比较简单，最高等的被子植物有根、茎、叶、花、果实、种子六大器官，而其他植物并不是都有这六大器官的。裸子植物有根、茎、叶、花、种子；蕨类植物有根、茎、叶；苔藓植物只有茎、叶，有假根；而大部分的藻类植物根本没有器官的分化，一些单细胞藻类仅仅只是一个细胞而已，连组织都谈不上。

延伸阅读

沼泽（wetland，mire）是指地表过湿或有薄层常年或季节性积水，土壤水分几达饱和，生长有喜湿性和喜水性沼生植物的地段。广义的沼泽泛指一切湿地；狭义的沼泽则强调泥炭的大量存在。中国的沼泽主要分布在东北三江平原和青藏高原等地，俄罗斯的西伯利亚地区有大面积的沼泽，欧洲和北美洲北部也有分布。地球上最大的泥炭沼泽区在西伯利亚西部低地，它南北宽800千米，东西长1800千米，这个沼泽区堆积了地球全部泥炭的40%。

在高纬度地区，典型的沼泽常呈现一定的发育过程：随着泥炭的逐渐积累，基质中的矿质营养由多而少，而地表形态却由低洼而趋向隆起，植物也相应发生改变。沼泽发育过程由低级到高级阶段，因此有富养沼泽（低位沼泽）、中养沼泽（中位沼泽）和贫养沼泽（高位沼泽）之分。其中，低位沼泽、中位沼泽、高位沼泽是根据沼泽土壤中水的来源划分的。

沼泽里的植物茂盛，一般是挺水植物偏多，草的高矮根据不同地理气候条件决定：纬度较高地区的沼泽草比较高，纬度较低地区的沼泽草较矮，甚至很大部分是苔藓。莲花也是沼泽湿地的常见植物，它们就属于挺水植物。一些喜湿和耐涝的树种会在沼泽里长得很大，一个明显特征是它们的根基往往很粗。另外沼泽中还生活着多种动物，形成了不同类型的生物群落。

无脊椎动物在晚期古生代

无脊椎动物在晚期古生代又有了革新，中期古生代时期繁盛的竹节石已经灭绝；腕足类和珊瑚仍然繁盛，但又演变成许多新的类群和种属；一种微体原生动物纺缍虫（䗴）广布于晚期古生代的海洋中，成为当时海洋生物中的一个重要特色。在局部地区海百合和苔藓虫也继续达到惊人的繁盛。螺、蚌壳等也有新的发展。

一种新兴的原生动物——䗴

在中国南方或北方石炭纪和二叠纪的石灰岩层中，常常见到一种像纺织用的梭子（又称䗴）形状的小化石，这就是䗴。它的个体很小，一般和小米、大米、黄豆、芸豆差不多。因此，需要用放大镜观察寻找，找到后，还需要把它从几个方向切开来观察。

其实，这种䗴状的小化石是一种原生动物叫有孔虫类的化石，这种有孔虫能分泌各种形态的多房外壳叫做䗴，又称纺缍虫。

䗴壳由若干壳圈组成，壳圈围绕中心的一个壳室（称胎室，多为圆球形）旋转，外壳圈层层包裹内壳圈通常形成纺缍形、凸镜形、球形等。组成壳圈的壁称为旋壁，旋壁如果切成薄片在显微镜下观察可分为许多类型，是䗴化石鉴定的主要依据。

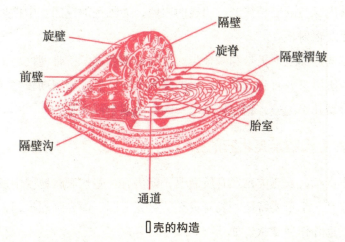

壳的构造

化石发现于早石炭世晚期,自中石炭世开始繁盛,二叠纪末全部灭绝,其演化迅速,地理分布很广,是划分石炭纪、二叠纪地层很好的标准化石。

晚期古生代珊瑚化石的新特色

石炭纪时双带型珊瑚个体的中央部分出现了一种新的轴部构造,是重要的演化特征。轴部构造的一种是由原生隔壁之一延长至中心,其末端膨大或是由许多长隔壁至中央扭结构成的轴部构造,称中轴如石柱珊瑚,为块状或笙状复体,外壁完整,个体呈多角柱形或圆柱形;长隔壁在轴部膨大形成;鳞板小,床板平或向上凸起成帐篷状。

另一种轴部构造是由于床板中央的隆起部分参与轴部构造而形成比较复杂的网状构造即中柱。中柱由辐板(长隔壁延伸至中心部分并与原隔壁脱离,在横切面上成辐射状)、中板(原生隔壁之一末端膨大而形成)、轴床板(床板中央的隆起部分)组成。如多壁珊瑚为块状复体,个体常呈不规则多角柱状,外壁常消失,个体边缘鳞板呈

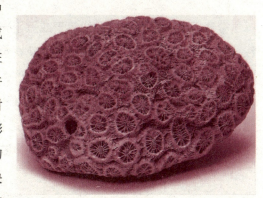

珊瑚化石

泡沫状，其内缘与隔壁相接处有明显的内墙，为隔壁加厚层。中柱呈蛛网状有轴板、中板及辐射板。

由轴部构造加上横板带和鳞板带即为三带型珊瑚，三带型代表了四射珊瑚发展的高级阶段。一直到二叠纪，仍然多属于复体三带型珊瑚较多，单体类型少见，双带型几乎绝迹，到二叠纪末，四射珊瑚全部灭绝。

晚期古生代腕足类化石的新特色

到了石炭纪，石燕类已经有所衰退，但仍有一些代表在地层中发现。长身贝类的兴起是一个重要特征。长身贝类的背壳下凹，腹壳强烈拱起，两壳通常向前延伸很远并作屈膝状。如：

石燕贝

大长身贝：壳体很大，横卵形。腹壳高隆，背壳凹，耳翼大，轻微凸起。壳面有近于平行的放射纹或脊。壳后部有稀疏的同心纹。

方格长身贝：壳方形或椭圆，凹凸式。腹壳高凸并成屈膝状，具中槽。近平行的放射线发育与后部出现的同心线相交成网格状。

分喙石燕：双凸，铰合线等于或短于壳宽。具分叉式增多的放射线，中槽浅，中隆不高。齿板长而平行。中、晚石炭世。

二叠纪时，石燕贝类已退居次要地位，而长身贝类则大大兴盛起来，长身贝类种属很多，演变也迅速，在晚二叠世还出现了奇异变形。如焦叶贝，其腹壳内有一与壳面直立的中隔板，纵贯全壳，两侧还有许多与其垂直的侧隔板。随着古生代结束，大部分腕足类也就销声匿迹了。

天空最早的征服者——昆虫

地球上最早具有飞行器官的动物，是远在2.7亿年以前的晚石炭世的有翅昆虫。晚石炭世的昆虫一般比现代的昆虫大得多。例如有一种晚石炭世的古蜻蜓，它的一个翅膀就有30多厘米长，展翅时的宽度有80厘米长。但这两对翅膀和身体相关联的关节很不完善，只能作上下拍动，在栖息时只是平放在身体两侧，不像现代的昆虫可以折叠起来放在体背上。

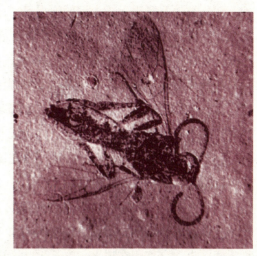

古蜻蜓化石

晚石炭世的昆虫最初就是借助于两对翅膀的拍动而作短距离的拍动爬行。有些古网翅类的两对翅膀由于经常拍动，促使翅的结构不断改善，慢慢能借助拍动使虫体初步获得了飞行的能力，成为地球上最古老的天空征服者。

从无翅到有翅

现代昆虫的特点，一般说来，是具有六足四翅。所以昆虫纲也叫六足虫纲。它的成虫分头、胸、腹三部。头部有口器和触角，常具有单眼和复眼。胸部有足三对，翅两对。腹部没有足。末端除常有一对尾须外，雄虫还有交配器，雌虫还有产卵器官。昆虫的呼吸靠气管。昆虫的气管系统十分发达，分支再分支，密布在各组织中。体表有几丁质的外骨骼。

从原始的节肢动物到昆虫，也有一个过程。原始节肢动物的身体是由大体相同的体节组成的，每个体节有一对附肢。后来身体前部的几个体节愈合成为头部，体节上的附肢就变成触角和口器。头部后面的三个体节形成胸部，这三个体节虽然界限很明显，还没有愈合成整体，但是已经连合在一起，不能独立活动。胸部各节的附肢发展，就形成昆虫在陆上的有力的运动器官——三对足。腹部各节仍能活动，附肢已经退化，只有末节或末二节的附肢变成尾须和交配器（雄虫）或产卵器官（雌虫）。

最早登陆的昆虫还没有翅。在中泥盆统地层里找到的昆虫化石就是没有翅的，在分类学上属于无翅亚纲的弹尾目。以后在石炭系地层里发现的一类早期昆虫属于无翅亚纲缨尾目。在石炭系和二叠系地层里还发现过其他类型的无翅昆虫，它们有的很小，有的大于3厘米长。

从现存的昆虫看，还有比弹尾目和缨尾目更原始的昆虫，属于无翅亚纲的原尾目，体长不超过2毫米，头尖，没有眼，没有触角，没有足。这种昆虫不容易形成化石，所以古代的原尾目昆虫没有保存下来。

到了石炭系地层里，已经出现了有翅昆虫的化石。

昆虫的翅是怎样产生的呢？

在石炭纪，高大的乔木型蕨类植物成了陆地的主要植物，鳞木、封印木、芦木等组成的沼泽森林覆盖着大片的陆地。当时在这些古代森林里，生活着各种无翅昆虫。它们爬在树上，吃着树叶嫩枝。在有风的天气，许多昆虫被风刮落。这时有一些昆虫开始利用胸部背面角质膜的侧面突起，在树木的枝叶之间滑翔。这种能滑翔的昆虫在树枝间来去方便，容易躲避敌害，也可以找到更多的食物，就得到有利的生存机会。以后通过变异的积累，胸部背面的角质膜突起连同里面的气管逐渐伸张，形成了原始的翅。以后又进化成为现代昆虫的翅。

现代昆虫的翅大都薄而透明，里面有气管、神经和血窦，还有支持翅面的线叫翅脉。

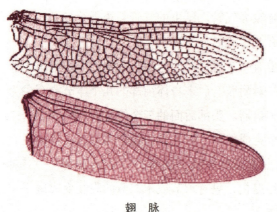

翅 脉

翅的产生是昆虫进化道路上的重大突破。它促使昆虫的全身机体向着更加灵活地适应复杂环境的方向发展，使神经、肌肉、身体结构越来越完善。它使昆虫能在更广阔的范围里活动，更容易觅食、求偶和躲避敌害，为整个昆虫世家的繁荣昌盛奠定了基础。在动物进化史上，是昆虫第一个飞上了天空。

现代昆虫中，除了有些是属于原始的无翅昆虫之外，也有一些无翅昆虫是有翅昆虫后来退化造成的，还有一些种类只有一对翅，如蚊、蝇（属于双翅目）只有后翅，它们的前翅退化成了一对细小的棒状物，叫做平衡棒，在飞行的时候起定位和调节的作用。

从不完全变态到完全变态

在石炭纪，地球上气候比较稳定，大片热带沼泽森林为昆虫的大发展提供了优越的生活条件。

早期的昆虫，它们的生活史大都经过三个阶段：卵、幼虫、成虫。这和许多现代水生节肢动物如虾蟹等基本相同。

幼虫阶段是胚后发育阶段。从卵孵化出来的幼虫经过一段时间的发育，生殖器官成熟，就成为成虫。

有的幼虫，在形态习性上和成虫基本上相同。这样的幼虫叫若虫。如直翅目的蝗虫，它的若虫叫蝗蝻，蝗蝻和蝗虫形态相似，只是身体比较小，只有翅芽，还不会飞。

也有的幼虫的形态习性和成虫差别比较大。这样的幼虫也有人特称做稚虫。如蜻蜓目的蜻蜓，它的稚虫叫水趸，形状有些像蝎子（趸就是蝎子的别名），是水栖的，用鳃呼吸。这实际上反映蜻蜓的祖先是水栖的。

这种生长发育方式，在石炭纪的优越的环境条件下，还是能够适应的。从石炭纪末到二叠纪，地球上的气候发生了变化，由炎热潮湿变成寒冷干旱，植物界开始从蕨类植物向裸子植物过渡。

这样的环境条件比石炭纪严酷多了。为了适应这一环境条件的变化，昆虫中产生了一种特殊的生长发育方式：它从卵孵化出幼虫以后，要经过几次蜕皮，让幼虫生长到一定时候，形成了蛹，成蛹阶段是昆虫的一个不活动的时期，可以比较容易忍受外界的不利环境条件。又经过一段时间，蛹羽化变成成虫，这时候生殖器官已经成熟，就可以交尾产卵。卵的阶段又是昆虫的一个不活动的时期，可以保存后代。

昆虫生活史中的这种分阶段的形态变化，叫做变态。早期的昆虫分卵、若虫（或稚虫）、成虫三个阶段，也可以说是变态，这种变态叫不完全变态。后期的昆虫分卵、幼虫、蛹、成虫四个阶段,这种变态叫完全变态。

完全变态的幼虫和成虫在形态习性上往往完全不同。如蝶、蛾(都属鳞翅目)的幼虫大都类似蠕虫,蚊、蝇(都属双翅目)的幼虫是孑孓和蛆,都和成虫很不相同。

昆虫从不完全变态向完全变态发展,是它的进化史上又一个重大事件。它使昆虫能更加广泛地利用各种生存空间,克服外界环境的不利条件,把这一类群推向新的发展高峰。

现代昆虫的极大部分的目如脉翅目、长翅目、毛翅目和鞘翅目,就正是在二叠纪开始出现的。二叠纪的不利气候条件促进了昆虫从不完全变态向完全变态转变,也锻炼了昆虫使它们向着各种不同的类型发展。

在今天的全部昆虫中,完全变态类型大约占了4/5。

知识点

梭 子

织机上载有纤子并引导纬纱进入梭道的机件。它在传统织机上作间断式往复运动,在圆型织机上作连续圆周运动。中国在战国到汉代之际即已使用梭子。现在一般梭子是用柿木、青冈栎、层压木或尼龙等材料制成的。梭子前后壁涂以塑料或贴上硬纸作为保护层。梭腔内常装猪鬃、尼龙丝、毛皮或长毛绒布等,以防止纬纱退解时脱纬。梭尖用中碳钢制成,经热处理获得一定的硬度。梭子后壁与底部的夹角有86.5°、87°、88°、90°等多种。采用锐角是为了提高梭子飞行的稳定性。

延伸阅读

蜻蜓,无脊椎动物,昆虫纲,蜻蜓目,差翅亚目昆虫的通称。一般体型较大,翅长而窄,膜质,网状翅脉极为清晰。视觉极为灵敏,单眼3个;触角1

对，细而较短；咀嚼式口器。腹部细长、扁形或呈圆筒形，末端有肛附器。足细而弱，上有钩刺，可在空中飞行时捕捉害虫。稚虫水虿，在水中用直肠气管鳃呼吸。一般要经11次以上蜕皮，需时2年或2年以上才沿水草爬出水面，再经最后蜕皮羽化为成虫。稚虫在水中可以捕食孑孓或其他小型动物，有时同类也相残食。成虫除能大量捕食蚊、蝇外，有的还能捕食蝶、蛾、蜂等害虫，实为益虫。

爬行动物与鸟类——中生代

中生代是指2.3亿~0.7亿年前的一段地质时期，包括三叠纪、侏罗纪和白垩纪。这一时期，地球上陆地继续扩大，海区继续缩水，而从二叠纪后期开始至三叠纪气候又变得十分干旱，这些古地理、古气候的变革对动物界产生了很大的影响。其中，最突出的变化是，爬行动物代替了晚期古生代的两栖类达到了极盛，广布于海、陆、空，水中有鱼龙，空中有翼龙，陆地上有恐龙。侏罗纪晚期，由爬行动物进化到鸟类的过渡类型——始祖鸟也出现了。

羊膜卵的出现

脊椎动物自从在水里诞生以后，已经经历了从无颌到有颌、从水生到陆生两次大的变革变成了水陆过渡型的两栖动物。但是两栖动物还不能完全摆脱对水的依赖，它要在水里产卵，幼年时期也要在水里度过。

晚期古生代末期，从原始两栖类中进化来的爬行类出现了。爬行动物直接把卵产在陆地上，完全摆脱了对水的依赖，使脊椎动物完成了从水生到陆生的飞跃。这是脊椎动物的第三次重大变革，这次变革是在生殖方式上，就是出现了所谓羊膜卵，于是两栖类转变成了爬行类。

鱼类的卵是产在水里的。卵有卵黄，为未来的胚胎提供养料。卵成熟以后由雌鱼排出体外，然后雄鱼也在水里射精，靠水做介质，把精子送到卵子上去，这是体外受精。受精卵在水里进行胚体发育，产生幼鱼。

两栖类的卵和鱼类的卵相似，有的体外受精，有的体内受精。受精卵也必须在水里发育，产生幼体，仍然要留在水里继续进行胚后发育。以后发生变态，变成成体，才能登上陆地。

鱼类和两栖类的卵一般都不大，构造比较简单，只有在水里才能防止卵里的水分蒸发，使胚体发育中所需要的水分得到保证。所以鱼类和两栖类的生殖离不开水。因此脊椎动物要完全摆脱水环境，需要找到其他的生殖方式。羊膜卵的出现解决了这个问题，它把胚体发育中所需要的水分来源从体外转变到体内。

羊膜卵都是在体内受精的。然后产在地上或其他适当场所，这是卵生；或者在母体输卵管里停留到幼体孵化出来为止，这是卵胎生。

爬行类的卵一般都比较大，里面有一个大的卵黄，它给成长中的胚胎供应养料。卵里还有两个囊，一个就是羊膜，另一个是尿囊。羊膜是因

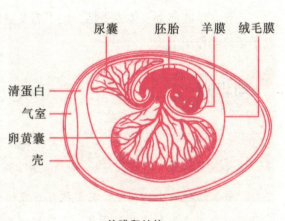

羊膜卵结构

为它在羊胎里特别显著而得名的。羊膜里充满着液体，就叫羊水，胚胎就在羊水里发育。尿囊收容胚体在卵里停留期间所排出的废物。有的爬行类的卵里还有卵白，整个结构外面还有一层浆膜，浆膜外面是一层卵壳。卵壳坚韧，可以保护卵体；又有许多细孔，可以透气，以便吸入氧气，排出二氧化碳气。

我们常见的鸡蛋就是一个羊膜卵，当然它不是爬行类的卵，而是鸟类的卵。

羊膜卵不同于鱼类和两栖类的非羊膜卵，就在于它可以产在干燥的陆地上，并且在陆地上孵化。这是因为羊水为胚胎发育提供了一个水域环境，胚胎

鸡 蛋

不会因卵处在干燥环境中而干死，而且胚胎悬浮在羊水里，有防震和保护的作用；卵白保证胚胎发育过程中的用水；卵壳又减少卵里水分的蒸发。有的爬行类如蜥蜴和蛇，它们的卵没有卵白和卵壳，因此只能产在比较潮湿的地方，还需要通过卵膜从外界取得一部分水分。有卵白和卵壳的卵就可以产在干燥的沙土里，不依赖水就能孵化出动物幼体来。

还有，羊膜卵都是体内受精，也不需要像体外受精的卵那样靠水做介质把精子运送到卵子上去。

知识点

精 子

雄性动物的生殖细胞。其形状与一般细胞有很大差异。各种动物的精子可以分为典型和非典型两类，典型的一般为蝌蚪状，头部近圆柱形（各种动物不尽相同），尾部细长，如鞭毛。非典型的精子形态多样但均缺乏鞭毛。

延伸阅读

卵细胞，指成熟的单个的雌性生殖细胞。卵的形状像圆球或椭球形，一般不能活动，卵内含有大量的营养物质。卵子和精子受精（结合）成功后，就变成受精卵。通常，人类的受精卵在大概40个星期就可以育成婴儿出生。各种动物的卵的大小相差很大，蚯蚓、寄生虫的，要用显微镜才能看到；鱼卵、蛙卵也很小，但用肉眼能见到；平常吃的鸡蛋、鸭蛋、鹅蛋是较大的动物卵，但是这些卵不能直接归为受精卵。将发育成个体的不是卵黄，而是胚盘，一个胚盘相当于一个受精卵。

溯源爬行动物

爬行动物不同于两栖动物的主要特征是出现了羊膜卵。在化石记录上，最早的羊膜卵化石发现在美国得克萨斯州的下二叠统地层里。但是最早的爬行类化石却在上石炭统地层的下部就已经发现了。这大概是因为羊膜卵的化石保存下来的机会少，不能根据这个来断定爬行动物出现在羊膜卵之前。通常，根据骨骼化石对照爬行类的特征来确定最早的爬行类。

现在一般认为爬行类有单一的起源，那么这个单一的祖先是谁呢？

曾经有人提出，两栖类中的蜥螈是爬行类的祖先。这是因为正是蜥螈既具有两栖类的特征（它的头骨基本上是属于两栖类的），又具有一般两栖类没有而爬行类所特有的新特征，如头骨后的单一枕髁、椎骨的椎弓向左右两侧扩大膨胀，侧椎体增大而间椎体缩小，两个荐椎骨，趾骨的 2-3-4-5-3（4）（这也是爬行动物最基本的齿式）排列方式等。显然从形态结构来看，蜥螈的确是属于两栖类和爬行类之间的过渡类型，是"亦此亦彼"的中介动物。

但是蜥螈的化石是在下二叠统地层里找到的，而最早的爬行动物却在晚石炭世早期就已经出现了。显然蜥螈不可能是爬行动物的直接祖先。

虽然我们没有在上石炭统或更早的地层里找到类似蜥螈的过渡类型的化石，但是我们可以合理推断，在那个时期一定有过这样的作为蜥螈的祖先类型的两栖类，通常称为蜥螈形类。蜥螈形类属于石炭蜥类（始椎类），在结构形态上和原始爬行动物很相似。

正是从这种早期的蜥螈形类中分化出原始的爬行类，而作为蜥螈形类中保守的一支的后代，传到二叠纪，就是蜥螈。蜥螈这一支到后来也在不利的环境条件下灭绝了。而分化出来的原始爬行类却很快辐射分化，去适应各种干燥的陆地环境，以后又繁衍而成为中生代主宰地球的一类脊椎动物。

北美

北美通常指的是美国、加拿大和格陵兰岛。与北美洲是两个概念。北美是世界15个大区的一个。北美洲是世界7大洲之一，是巴拿马运河以北的地区。包括北美、墨西哥、中美地峡（巴拿马运河以南除外）、西印度群岛。范围比北美要大。

延伸阅读

蜥螈（Seymouria）又称西蒙龙。因采自美国得克萨斯州西蒙（Seymour）城的二叠纪早期地层，故名。

蜥螈是一类结构上介于两栖类和爬行类之间的小型（不足70厘米长）四足动物。头骨结构很像坚头类，颈特别短，肩带紧贴于头骨之后，脊柱分区不明显，具有迷齿和耳缺等，这些都与古两栖类相似；但头骨具单个枕骨髁，前后肢均为五趾（不似两栖类的前肢为四趾），各趾的骨节数也比两栖类多，腰带与四肢骨均较粗壮，更适于陆地爬行，这些特点又与爬行类相似。

早期爬行动物

原始的爬行动物在晚石炭世早期从两栖类分化出来以后，很快就开始辐射分化，形成早期爬行动物的几个不同分支。在上石炭统地层里，至少已经发现了四类早期的爬行动物，这就是杯龙类、中龙类、盘龙类和始鳄类。

杯龙类

杯龙类是一类最古老的爬行动物。因为这类动物的椎体内凹,像一只只杯子,所以叫杯龙类。早的杯龙类化石是发现在北美洲加拿大新斯科舍上石炭统下部地层里的林蜥,个体小,只有三四十厘米长。稍后的有在美国新墨西哥州下二叠统地层里的湖龙,个体比较大,大约有一米多长。它们的头骨构造上有许多两栖类的特征,头盖坚固,头骨后部是截平的,上下颌很长,上面有许多锋利尖锐的牙齿,看来它们是肉食性的,依靠捕食小型的两栖类过活。它们在许多解剖性质上和现代蜥蜴有点相似,在行动方式上也差不多。

林 蜥

杯龙类特别是大鼻龙形类被认为是后期发展起来的爬行动物的基干,从它分化出许多其他类型的爬行动物,是继往开来的代表。它本身除其中一支前棱蜥生活到三叠纪外,其余都在二叠纪末就灭绝了。

中龙类

中龙类出现在晚石炭世,只在南美洲巴西南部和南非洲两个地方找到过它们的化石,这为大陆漂移说提供了证据,因为现在两地远隔重洋,中龙又不是海生动物,怎么能越过海洋呢?只能解释为在石炭纪南非和南美是连在一起的。

中龙是一类小型细长的爬行动物,上下颌伸长,颌上有长而锋利的牙齿,肩腰带比较小,四肢纤长,脚变大成为宽阔的桡足,有一条长而灵活的尾。这些形态特征说明它是水生的,一般认为是淡水爬行动物,靠吃鱼类和其他水生小动物生活。

中龙类有许多特征是属于杯龙类性质的,它的椎弓是膨大的,和杯龙类的很相似,所以很可能它和杯龙类有共同的祖先。但是它已经特化,代表爬行动物中一个很古老而独立的进化分支。中龙类只生活在晚石炭世到早二叠世,很快就灭绝了。

盘龙类

盘龙类的化石发现在北美洲，特别是美国的得克萨斯州、俄克拉何马州和新墨西哥州的上石炭统和下二叠统地层里。

盘龙类的头骨在许多方面和大鼻龙形类的十分相近；脊椎骨有间椎体；四肢和杯龙类相似，但是比较细长。

盘龙类看来也是从大鼻龙形类分化出来的。它本身只生活在晚石炭世到早二叠世。但是从它发展进化而成的、生活在二叠纪中、晚期和三叠纪的兽孔类，却和哺乳动物相似，也是哺乳动物的祖先。所以兽孔类也叫似哺乳动物，仍然属于爬行类。

盘龙类的确是一类很重要的早期爬行动物，在它身上已经孕育着后来的哺乳动物的胚芽。

始鳄类

始鳄类的化石最早是发现在美国堪萨斯州上石炭统地层里的岩龙，其次是发现在南非二叠系地层里的杨氏鳄。

岩龙是一种没有特化的爬行动物，形态和习性有点像蜥蜴，身体和四肢都细长，适宜在地面上快跑。杨氏鳄也是结构轻巧的小型爬行动物，能在地面上快跑。

始鳄类是中生代称霸的爬行动物——恐龙类的最早祖先。但是它们一直生活到新生代开始，虽然始终不十分繁盛，却活到比它的后代恐龙类还晚。

辐 射

自然界中的一切物体，只要温度在绝对温度零度以上，都以电磁波的形式时刻不停地向外传送热量，这种传送能量的方式称为辐射。物体通过辐射所放出的能量，称为辐射能。辐射按伦琴/小时（R）计算。

辐射有一个重要的特点，就是它是"对等的"。不论物体（气体）温度高低都向外辐射，甲物体可以向乙物体辐射，同时乙也可向甲辐射。这一点不同于传导，传导是单向进行的。

辐射有实意和虚意两种理解。实意可以指热、光、声、电磁波等物质向四周传播的一种状态。虚意可以指从中心向各个方向沿直线延伸的特性。

延伸阅读

中国古代的神话与传说中，龙是一种神异动物，具有九种动物合而为一之九不像之形象。具体是哪九种动物有争议。目前公认龙的起源是多种动物的综合体，是原始社会形成的一种图腾崇拜的标志。传说多为其能显能隐，能细能巨，能短能长。春分登天，秋分潜渊，呼风唤雨，无所不能。这些已经是晚期发展了龙的形象。封建时代龙是帝王的象征，也用来指帝王和帝王的东西：龙种、龙颜、龙廷、龙袍、龙宫等。龙在中国传统的十二生肖中排第五，其与白虎、朱雀、玄武一起并称"四神兽"。而西方神话中的Dragon，也翻译成龙，但二者并不相同。

爬行动物的演变

现代对爬行动物的分类，一般根据头骨上有没有颞孔和颞孔的个数、位置，把由古代和现代的爬行动物组成的爬行纲下分为四个亚纲：无孔亚纲、下孔亚纲、调孔亚纲和双孔亚纲。每个亚纲下面又分若干个目，一共有17个目。

无孔类爬行动物

无孔类爬行动物中的杯龙类和中龙类，在二叠纪到三叠纪就已经灭绝了。

杯龙类，特别是杯龙类中的大鼻龙形类是后期爬行动物的基干；中龙类由于构造特殊，它的系统地位还没有完全确定。有人认为应该归入杯龙类，有人认为应该归入似哺乳动物类。现在我们把它和杯龙类同归在无孔类里，实际上它是系统关系未明的早期爬行动物的辐射分化的一支。

无孔类爬行动物中，现存的只有龟鳖类。

龟鳖类的构造特殊，和其他许多爬行动物都不相同。从化石记录看，南非洲二叠系地层里曾经发现一种很破碎的稀有的化石，叫正南龟类。这是一种只有10厘米左右的很小的爬行类，头骨的性质不明，颌骨上和颚部边缘带有细小的牙齿，脊椎骨和肋骨已经特化，很可能以后发展成为龟鳖类的甲壳。所以这种动物可能对龟鳖类的起源提供一些线索。

原颚龟

真正的龟鳖类出现在中三叠世或晚三叠世，样子已经和现代龟鳖类相差无几。最早的祖先类型叫原颚龟。以后又出现两栖龟，也是一种原始的类型。它的躯体有坚固的甲壳保护，颈部很短，头部不能缩进壳里，或者只能稍微收缩一点；头骨数目已经减少，牙齿已经从颚骨边上消失。到侏罗纪，从两栖龟分化出两个分支：一类叫侧颈龟，它的颈能向两侧方向弯曲，纳入壳里；另一类叫曲颈龟，也叫隐颈龟，它的颈能曲成S形直缩入壳里，是龟鳖类中比较成功的一类。

龟鳖类看来也是杯龙类的直接后裔。在它们的整个进化历史中，头骨的数目虽然已经减少，但是仍然趋向于保持原始爬行类那种坚固的头骨，在许多进步的龟鳖类中，头盖骨又有开孔和退化现象。另一方面，龟鳖类在长期生存斗争中又出现各种有用的适应。它是现存爬行动物中没有牙齿的一类，颚骨上的牙齿消失了，形成了角质的喙嘴，这种喙嘴对切割肉类和植物同样有效。肢体变得强壮，陆生种类足短趾少，海龟的足变成桡足，适宜于游泳。而真正的特化是甲壳的发展，肋骨分化发展包裹了肢带和肢骨的上节，来支持保护性的骨质背甲。在腹面发生了骨质腹甲。背甲腹甲都覆盖有角质甲套，在两侧互相连接，使它们成为完全装甲的爬行类。龟鳖类就是这样取得了笨重的保护适应，尽管牺牲了灵活性，却能经得起时间的考验，一直延续到现在。

现存的龟鳖类大约有400多种，多分布在热带和温带，适应各种生活环境，如河流、沼泽、森林、沙漠等。在白垩纪，有一些龟鳖类回到海里，成为海龟，如玳瑁、绿蠵龟、赤蠵龟，有的体长1米以上。

下孔类爬行动物和似哺乳动物

下孔类爬行动物中的原始类型就是盘龙类，最初的盘龙类叫蛇齿龙类，其中有早二叠世的巨蜥龙，是一种中等大小的爬行动物，体长1.5米，具有蜥蜴的一般形状；二叠纪的蛇齿龙，是一种比较大的爬行动物，体长1.5～2.5米。它们都是一些吃鱼的动物，主要栖居河流、池塘边。

盘龙类主要是晚石炭世和早二叠世的动物，大多出现在北美洲。到中二叠世和晚二叠世，盘龙类发展成为兽孔类，即似哺乳动物，它们一直延续到三叠纪。兽孔类化石在世界各地都有发现，而南非的卡鲁平原发现的更多。

蛇齿龙

调孔类爬行动物

调孔类爬行动物中最原始的是从杯龙类中早期发展出来的原龙类。原龙类出现在二叠纪，延续到三叠纪。

二叠纪的原龙类是小型的、形状像蜥蜴的爬行动物，是陆生的，可能生活在灌木丛里，伺食昆虫或其他小爬行动物。到三叠纪，原龙类向不同的方向特化。在三叠纪结束的时候，原龙类趋于灭绝。

在三叠纪，从原龙类沿三个独立方向发展，分别以楯齿龙类、幻龙类和蛇颈龙类为代表，它们都是海生的爬行动物。

（1）楯齿龙类

楯齿龙类生活在早三叠世，它们特化成为在浅海里生活的爬行类，靠吃海底介壳类动物过活。它们结构笨重，身体粗壮，头骨、颈部和尾部都短，四肢骨中等长度，四足是比较小的桡足，背部

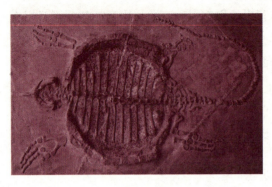

楯齿龙类化石

有保护甲。腹面有由坚固骨棒组成的腹肋筐。牙齿特化，前排成水平的，像是很有效的钳子，后排成宽大的磨石状，在强壮的颌部肌肉收缩下，可以压碎坚实的海生介壳类。

楯齿龙类随着三叠纪的结束而灭绝。

（2）幻龙类

幻龙类是和楯齿龙类同时代的靠吃鱼类生活的海生爬行动物，也只生活在三叠纪。这是一些从小型到中型的长形爬行类，有很长的可以弯曲的颈，有发达的腹肋筐，四肢变长，相当强壮，四足是短的桡足，能爬上陆地。

幻　龙

（3）蛇颈龙类

蛇颈龙和幻龙同属调孔类中的蜥鳍目，蜥鳍目爬行动物也叫鳍龙类。幻龙是小型原始的鳍龙类，蛇颈龙是大型进步的鳍龙类。

蛇颈龙基本上继承了幻龙类的型式，只是躯体增大。它的样子活像一条蛇套在一只乌龟壳里，头很小，颈很长，躯体宽短而扁平，四足是很大的肉质桡足，能快速划动，并且能迅速转身。它的上下颌骨结构也比幻龙类有所改进，是凶残的肉食类，不仅吃鱼，也吃自己的幼仔和其他海生爬行类。它也像幻龙

那样能爬上陆地。

蛇颈龙类从晚三叠世开始出现，身体逐渐扩大；到侏罗纪已经遍布全世界，身长达到 3～6 米；到白垩纪末期，身长达到最长，可以到 18 米。它们在侏罗纪和白垩纪的水域里称霸一时，到白垩纪末灭绝了。

蛇颈龙

双孔类爬行动物

双孔类爬行动物可以分成两大类。又可以分成两个次亚纲：一个次亚纲叫鳞龙次亚纲，包括始鳄目、喙头目和有鳞目，有鳞目又包括蜥蜴类和蛇类；另一个次亚纲叫初龙次亚纲，包括槽齿目、鳄目、蜥臀目、鸟臀目和翼龙目。

现存的爬行动物，除了属于无孔类的龟鳖类已经在前面讲过之外，其余几类都属双孔类。

鳞龙类中的始鳄类，我们已经介绍过了，它从晚石炭世一直生活到新生代初期。

新西兰蜥蜴

（1）鳞龙次亚纲——喙头类

喙头类根据化石记录，出现在三叠纪初期，在三叠纪曾经繁盛过一时，分布到全世界。有一些形体相当大，如巴西的坚喙蜥，体重有近 100 千克的。三叠纪以后，分布就受局限。

现存的喙头类爬行动物只有一种，叫做楔齿蜥或喙头蜥，残存在新西兰附近的少数岛屿上，所以也叫新西兰蜥蜴。它的身长可以达到 75 厘米，看上去像只大蜥蜴，体表覆有颗粒状小鳞，背和腹侧有薄板状大鳞，背中线上有一排棘状的鳞。它的头部还有松果孔，表明它还保留着原始的形态，所以被看做是一种活化石。

（2）鳞龙次亚纲——蜥蜴类

蜥蜴俗名四脚蛇，实际上，蛇却是四脚退化的蜥蜴。蜥蜴和蛇在颚骨和翼状骨上有发育完好的牙齿。

蜥蜴类从三叠纪晚期开始，到侏罗纪就已经沿着各种不同的适应路线辐射发展，并且以后一直保持着这一特色。白垩纪曾经发展出某些巨蜥类，体长达到9米以上，适应于回到海里去生活，如海王龙，属于沧龙类，短期繁盛后到白垩纪末灭绝。

现代的蜥蜴类大约有3800种，是现存爬行动物中种类最多的一个类群。体长从十几厘米长的小型蜥蜴到几米长的巨蜥类。常见的壁虎（也叫守宫）、避役（也叫变色龙）都是小型的。

（3）鳞龙次亚纲——蛇类

蛇类是所有爬行类中最后进化形成的，实际上是高度特化了的蜥蜴。由于化石记录没有保存下来，现在还不清楚它们的进化历史。它们的四足退化，其中蟒蛇还保留有后肢的痕迹。但是全身的骨骼和肌肉却发展得能够灵活地游动，它们有的退居到水里，有的隐居在密林和岩石丛中，有一部分在中新世又发展出了毒牙，在生存斗争中能够延续到现在。

蛇

现在的蛇类大约有3000种，是现存爬行类中仅次于蜥蜴的一个类群。它们生活在地球上的大部分地方，甚至到了北极圈和南美洲南端。它们大部分生活在森林、草原、荒漠和山地里，少量生活在树上、地下和水里。常见的游蛇（水赤链）、赤链蛇（火赤链）、乌鞘蛇都是无毒蛇，金环蛇、银环蛇、眼镜蛇、蝮蛇、五步蛇、竹叶青、响尾蛇等都是毒蛇。

(4) 初龙次亚纲——槽齿类。

槽齿类在二叠纪末出现,到三叠纪末灭绝。这一类爬行动物的历史虽短,种数也不很多,但是在爬行动物进化史上却有重大意义,它是统治中生代的主要爬行动物恐龙类的祖先。

引 鳄

槽齿类中又可以分做四类。

①古鳄类:最早、最原始的一类,出现于晚二叠世,以南非下三叠统地层里发现的引鳄为代表。身体和四肢都很粗壮,用四足行走,头骨相对较长,还保留着许多原始的特征,只是槽齿类进化的旁支。

派克鳄

②假鳄类:在槽齿类进化系统中较重要的一类,它们在许多方面表现出初龙类的典型的进化趋向,以南非下三叠统地层里发现的派克鳄作为代表。这是一种小型的肉食性爬行动物,身长大约60厘米,骨的构造纤弱,很多部分是中间空的,前肢比后肢小。它的牙齿都生在齿槽里,这就是槽齿类这个名字的由来。它的背部中央有两排骨板,这是假鳄类的一个共同特征。欧洲的鸟鳄、北美的黄昏鳄都属于假鳄类。

③恩吐龙类:在后期的槽齿类中,有一支向着身体装甲的方向发展的一类爬行动物,以三叠纪晚期欧洲的恩吐龙为代表。它的身体已

恩吐龙

经装备了全套甲胄，可以避免遭受敌人攻击。它的头骨和牙齿都弱小，显然不是肉食性的。它的体重不轻，因此只能是四肢行走；但是前肢显然比后肢小，表明它们是从两肢行走的假鳄类演变来的。欧洲的锹鳞龙、北美的正体龙和有角鳄属于这一类。

④植龙类：是和恩吐龙类同样向身体增大方向发展的一支，如植龙和狂齿鳄，是一些凶恶贪吃的肉食性爬行动物，栖居在溪流湖泊里，吃鱼或其他可能捕到的动物过活。它们的头骨和下颌骨都伸长，有锋利的牙齿。鼻孔长在高出头部的小丘状突起的顶上，以便在水下潜游的时候露出水面进行呼吸。它们的四肢强壮，可以在陆上行走，但是前肢仍比后肢小，可知它们的祖先也是两肢行走的假鳄类。

槽齿类本身虽然在三叠纪末灭绝了，但是从它分化出来的恐龙类和翼龙类却在侏罗纪和白垩纪称霸陆地并且占领空中，还有鳄类一直生活到现代。

（5）初龙次亚纲——鳄类

鳄类最早出现在三叠纪末期。美国亚利桑那州的原鳄是一种中等大小的爬行动物，体长一米左右，是四足行走的，但是后肢比前肢长得多，明显地表示它是槽齿类中的两足行走的假鳄类的后裔。从原鳄发展到早侏罗世的中鳄，从早侏罗世到白垩纪十分繁盛，继续到新生代初。

在白垩纪，从中鳄又发展出两支比较进步的类型：西贝鳄类和真鳄类。

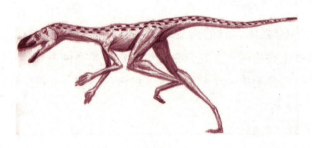

西贝鳄类

西贝鳄类是近十几年来才在南美洲发现的，主要特点是头骨高而侧扁，牙齿扁平。现在已经灭绝了。

真鳄类就是现代的鳄类。它的特点是内鼻孔靠后退到颚骨后面，使从外鼻孔经内鼻孔到肺部的呼吸道不通过口腔而通过咽喉后方。在现代鳄类中，舌头后面有一个特殊的活瓣，可以使呼吸道和口腔分开，使呼吸和进食能同时进行，这是水生生活的一种适应。

玳瑁

玳瑁，脊椎动物，爬行纲，海龟科。一般长约0.6米，大者可达1.6米。头顶有两对前额鳞，上颌钩曲。背面的角质板覆瓦状排列，表面光滑，具褐色和淡黄色相间的花纹。四肢呈鳍足状。尾短小，通常不露出甲外。性强暴，以鱼、软体动物、海藻为食。产于黄海、南海、东海及热带、亚热带沿海。卵可食；角质板可制眼镜框或装饰品；甲片可入药。为国家二级保护动物。

延伸阅读

响尾蛇，脊椎动物，爬行纲，蝰蛇科（响尾蛇科）。一种管牙类毒蛇，蛇毒是血循毒。一般体长1.5～2米。体呈黄绿色，背部具有菱形黑褐斑。尾部末端具有一串角质环，为多次蜕皮后的残存物，当遇到敌人或急剧活动时，迅速摆动尾部的尾环，每秒钟可摆动40～60次，能长时间发出响亮的声音，致使敌人不敢近前，或被吓跑，故称为响尾蛇。

响尾蛇眼和鼻孔之间具有颊窝，是热能的灵敏感受器，可用来测知周围敌人（温血动物）的准确位置。肉食性，喜食鼠类、野兔，也食蜥蜴、其他蛇类和小鸟。常多条集聚一起进入冬眠。卵胎生，每产仔蛇多达8～15条。主要分布于南、北美洲。

恐龙家族

现在古生物学上的恐龙,并不包括所有用"龙"命名的古代爬行动物。如我们前面讲过的杯龙、中龙、盘龙、原龙、蛇颈龙、鱼龙、翼龙,都不属于恐龙。

古生物学家按照腰带(俗称骨盆)的不同把恐龙类分成两类。一类恐龙的腰带结构是三射型:上面是一根肠骨,下面是一根坐骨向下向后伸展,一根耻骨向下向前伸展,这种结构和蜥蜴的相似,所以叫它蜥龙类,属于双孔亚纲的蜥臀目;另一类恐龙的腰带结构是四射型:肠骨的前部和后部大大扩张,下面坐骨和耻骨平行,坐骨和耻骨的后部挤在一起,耻骨前部还有一个大的突起,这种结构和鸟类的相似,所以叫它鸟龙类,属于双孔亚纲的鸟臀目。所以,现在古生物学上的所谓恐龙,只指双孔亚纲中的蜥臀目和鸟臀目两个目,或者说只指蜥龙类和鸟龙类两大类。不是所有叫"龙"的爬行动物都是恐龙。

恐龙的进化系统关系如图所示。

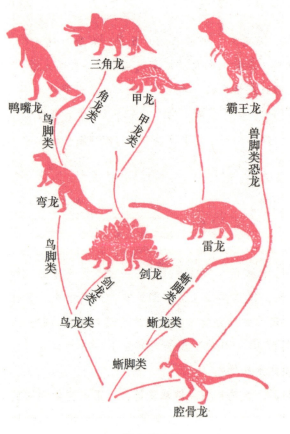

恐龙的进化

蜥龙类

蜥龙类虽然腰带像蜥蜴,但是和蜥蜴的亲缘关系并不太近。蜥蜴在双孔亚纲里属于鳞龙次亚纲,而蜥龙类属于初龙次亚纲,是槽齿类的后裔。蜥龙类向两个方向发展:

从腔骨龙到霸王龙

最早的蜥龙类以北美洲的腔骨龙作为代表,发现在新墨西哥州北部上三叠统地层里。这是一些小型的两足行走的恐龙,骨骼中空,结构轻巧,身长2米左右,体重不过20多千克。它的后肢强壮,形似鸟腿,善于奔跑;前肢短小,有如灵活的

腔骨龙

"手",适宜于攀缘和掠取食物。它的身体以臀部作为支持点,后面有长大的尾和躯体前部保持平衡;颈部比较长,能弯曲;前端是尖狭的初龙式的头骨,颌骨长,装有锐利的锯齿状的槽齿,说明它是肉食性的;头骨结构精巧,有巨大的颞孔和前眼窝。

以腔骨龙为代表的虚骨龙类是蜥龙类中的兽脚类的祖先。其特点肉食性,且始终保持两足行走的方式,属于蜥臀目的兽脚亚目。兽脚类从侏罗纪分四个适应的方向进化。

第一个方向是体型始终保持小型,如晚侏罗世的小鸟龙类。它们的前肢加长,更加灵活。

第二个方向是向体型中等大小发展,这是从白垩纪开始的。北美洲和亚洲的白垩系地层里找到的似鸟龙类就是这一方向的代表,它们的大小和一只大鸵鸟差不多,样子也很像鸵鸟,所以也叫鸵鸟龙。

第三个方向是发展到恐爪龙类,也是在白垩纪发展起来的。恐爪龙类的体

型从小型到中型,前肢和手显著地增大,脚的第二趾有弯刀形的爪,可能是一种攻击和防御用的武器。

第四个方向是发展成为大型、凶猛的肉食龙。主要出现在晚三叠世,到侏罗纪开始繁盛。如异龙、角齿龙、巨齿龙等。美洲、欧洲、非洲、亚洲都发现过它们的遗骨。肉食龙发展到白垩纪达到鼎盛时期。白垩纪的肉食龙中著名的有惧龙、霸王龙。

惧　龙

霸王龙首先发现在北美,它全长可以达到17米,高6米,体重8吨以上。它的头骨长1.2~1.5米,上面有小的开孔,可以附着强有力的咀嚼肌;下颌粗壮,关节靠后,嘴能张得很大;牙齿像短剑,一生要换几次,这是对撕碎、咀嚼肉类的适应。它的颈部缩短,可以加强抬举力量。它的前肢已经退化到没有什么用处的程度,后肢粗壮有力,脚很结实,有三趾,趾端有利爪,都是搏斗和撕裂食物的有力武器。

肉食龙的确是中生代特别是侏罗、白垩两纪的一霸。但是到白垩纪末,它们全都灭绝了。

从禄丰龙到马门溪龙和盘足龙

三叠纪的原始蜥龙类,不仅有小巧的腔骨龙,同时还有体型相当大的一类,叫板龙类,或者叫原蜥脚类,属于蜥臀目的古脚亚目。

板龙发现在德国和南非的三叠系地层里,因为耻骨呈板状,所以起名叫板龙。以在中国云南禄丰县的下三叠统地层里发现的禄丰龙为代表。禄丰龙体长4~6米,高2~3米,颈部和尾部都比较长,三角形的头和身体相比显得很小,嘴向前突出,牙齿细小,适宜于磨碎植物,显然是植食性的。它的前肢短小,后肢粗壮,行走的时候成半直立式,常在沼泽边用后肢踏跶,有时也用前肢着地弯腰弓背地爬行。

古脚类除了板龙类是植食性的之外，还有一些肉食性的，叫古蜥龙类。

古脚类是蜥龙类的系统进化中一个时间短暂又不繁盛的分支，它的时代只限于三叠纪。但是板龙类中有一些种类以后发展成为侏罗纪和白垩纪的巨大的蜥脚类。

板 龙

蜥脚类是一类巨大的植食性的、生活在沼泽湖泊里的恐龙，属蜥臀目中的蜥脚亚目。

蜥脚类是所有古今陆生动物中最巨大的，只有水里的鲸能超过它。巨大的蜥脚类恐龙中，有发现在北美和非洲的上侏罗统地层里的梁龙，身长可以达到30米，是已知最长的恐龙；发现在北美的上侏罗统地层里的雷龙，身长可以达到22米；发现在东非的腕龙，身长24米多。还有发现在中国四川宜宾马门溪的上侏罗统地层里的马门溪龙，和山东蒙阴下白垩统地层里的盘足龙。这些巨大的蜥脚类在白垩纪末全部灭绝了。

鸟龙类

恐龙类中的另一大类是鸟龙类。鸟龙类和蜥龙类中的蜥脚类一样，也全是植食性的。植食性使鸟龙类的牙齿趋于退化。它们的颌骨通常具有喙的构造，而且在下颌骨前方有一个分离开的没有牙齿的骨头，叫前齿骨，作为喙嘴的下面部分。这是鸟龙类的最显著的特征之一。

鸟龙类既是植食性的，不需要去进攻别的动物，所以没有进攻性的武器。但是鸟龙类为了防御敌人特别是肉食龙的袭击，发展出各种光怪陆离的防身设备：甲板、棘刺和角。这些装备给恐龙世界增添了奇异的色彩，也是长期适应的结果。

鸟龙类也和蜥龙类一样，是在三叠纪晚期就出现的。鸟龙类所属的鸟臀目一共分四个亚目，这就是鸟脚亚目、剑龙亚目、甲龙亚目、角龙亚目。

鸟脚类

鸟脚亚目是一个大而且杂的亚目,包括从三叠纪晚期到白垩纪的一些属类,它们的后肢的姿势和脚的三趾构造与现代的鸟类相像,所以叫做鸟脚类。以在英国和北美的上侏罗统地层里找到的弯龙类为代表。

弯 龙

弯龙是一类小型到中型的恐龙,身长从 2 米到 6 米,主要用后足行走,有时也用四足行走。从一般结构来看,它比小型兽脚类恐龙笨重,大概是不善于快跑的。它的头骨低平,颞孔很大,眶前孔相对地比较小,显示出鸟臀类中一个新的发展方向,就是眶前孔的退化。它的牙齿呈磨盘式,表示是植食性的。所以弯龙是一类没有自卫能力的素食者。

鸟脚类从弯龙向着三个适应方向进化。

一支继续保留弯龙的构造,只是向增大体型的方向发展。欧洲下白垩统地层里发现的禽龙可以作为代表。禽龙的样子就像放大了的弯龙,体长 10 米左

禽 龙

右。它们的大拇指变得像尖利的钉头，这可能是一种有力的防御武器。

第二支可以白垩纪晚期的肿头龙作为代表。肿龙类身体粗壮，用后肢行走。它的特点是头骨顶部特别肿厚，有近10厘米厚的骨头形成巨瘤。由于头骨隆起，头骨上的颥孔也完全封闭。有的大型肿头龙的头骨边缘和前端还有许多瘤状突起。

肿头龙

第三支是鸟脚类中最奇特也最成功的一支，以白垩纪晚期的鸭嘴龙类作为代表。大多数鸭嘴龙的身体很大，体长可以达到十几米，体重几吨。它也用两足行走，后肢粗壮，足宽大有力，有蹼。头骨很长，有一个扁阔的"鸭嘴"，颌骨上长有菱形牙齿，所以也叫菱齿龙类。牙齿密集丛生在一起，数目多达两千枚，这是对磨碎植物性食物的一种适应。

鸭嘴龙

剑龙

剑龙类基本上是侏罗纪的类型，继续生存到白垩纪初期就灭绝了，是恐龙类中第一个灭亡的大类。

剑龙类也叫骨板龙类，实际上也是一种弯龙式的恐龙，只是身体变得很大，体长6米多，因此又回到四足行走方式，特点是背上长了特殊的骨板，剑龙的骨板三角形，两排交错排列，骨板外面可能还有一层角质。剑龙的尾是防身的有力武器。剑龙受到敌人攻击的时候，就挥动它带刺的尾给敌人以致命的回击。

甲龙

甲龙类是白垩纪的类型，从白垩纪早期延续到白垩纪末，是继剑龙类之后的一种鸟龙类。甲龙体态笨重，四足行走，防护装备相当完备。它的头顶和整个背部被五角形的骨甲严严实实地包裹起来，躯体两侧还有长的骨刺，尾端有一大骨块，向敌人回击就像一个锤子。

角龙

角龙类是恐龙中最晚发展的一支，它们在白垩纪晚期才出现，到白垩纪末就灭绝了。它们不但是鸟龙类中的末代子孙，也是整个恐龙类中的末代子孙。和其他恐龙相比，它们的历史最短。但是在白垩纪晚期，它们适应的范围相当广，形态多样化，是恐龙中最奇特的一个类群。

原始的角龙可以在亚洲戈壁地区上白垩统地层下部发现的原角龙和北美发现的秀角龙作为代表。

原角龙是恐龙中被了解得最详细的一类。它们有一系列成年和幼年各个生长阶段的化石，并且有好几窝恐龙蛋化石，蛋里还有没出壳的小原角龙。原角龙和秀角龙的身体都比较小，长不到2米，用四足行走。头骨都有像鹦鹉嘴龙那样的构造。头骨后部的顶骨和鳞骨向后扩张，形成一个宽大带孔的折皱的骨板，叫做"颈盾"，起保护颈部和附着的肌肉的作用。

角龙类的进化首先表现在体型增大。晚期的角龙体长达到6米以上，体重达到 6~8 吨。其次，在头骨上生了角。此外，颈盾上发生了各种变化。例如独角龙体长 6 米，头骨的鼻子上有一只大角，眼睛上面各有一只小角，颈盾很短，两边各有两个大孔。

角龙是巨大的素食恐龙。它们的自卫武器就是角。它们遇到敌人的时候，会利用长而锐利的角，靠颈部结实肌肉的支撑和沉重身体所产生的力量向前冲刺，刺得敌人遍体鳞伤。

天空中的翼龙

侏罗、白垩两纪，当地球上的陆地和水域被恐龙和其他爬行动物统治着的时候，另外有一类初龙类爬行动物却飞上了天空，这就是翼龙。翼龙类属于双孔亚纲、初龙次亚纲中的翼龙目，和恐龙类的蜥臀目、鸟臀目是平行发展的兄弟。

喙嘴龙

翼龙类是在侏罗纪初期出现的，以后发展成多种类型，有一部分继续生活到白垩纪，到白垩纪末期全部灭绝。以侏罗纪的喙嘴龙为代表。

喙嘴龙体长大约 60 厘米，头骨是典型的初龙式，长而窄，有两个颞孔，嘴里长有长的尖齿，可能是对捕食鱼类的一种适应。头骨长在一个长而能弯曲的颈上，颈部以后的背脊短而结实，肩带和腰带之间具有一系列相连续的肋骨。尾部很长，末端有块菱形的皮膜，可能是作为平衡器官用的。前肢高度特化，变成翼膜，成了飞翔的器官。翼膜由原来的第四指极度伸长作为支架，前三指退化成小钩状，第五指消失。从腕部向前伸出一个钩状突起，这叫翼骨，帮助支持翼膜。

翼手龙

喙嘴龙能作连续飞行，在湖泊附近滑翔，常常俯冲捕食在水面游泳的鱼类。休息的时候，它靠三个退化成小钩状的趾吊在岩壁上或树枝上，与现代的蝙蝠相似。如果落在地上，它就会异常笨拙，变得束手无策了。

侏罗纪晚期，从喙嘴龙类中分化出了另外一类翼龙，叫翼指龙，也叫翼手龙。

翼指龙的尾巴已经退化到接近消失的程度；牙齿也大大退化，甚至消失；颌部变成了鸟喙的样子；头骨不仅向前伸长，还同时向后伸长，形成一块长的冠状突起。它们的体型不大，小的只有麻雀大，大的也只有老鹰那么大，但是翼展很大。

翼指龙生活在湖滨海边，大概像现在某些水鸟那样，在空中滑翔盘旋，寻找水里的鱼类，一看见游近水面的鱼，就俯冲下去捞起来吃掉。

滑翔

指物体不依靠动力，利用空气的浮力在空中飞行。

延伸阅读

《侏罗纪公园》（Jurassic Park）是一部科幻冒险电影，由史蒂文·斯皮尔伯格执导，改编自迈克尔·克莱顿于1990年发表的同名原著小说。《侏罗纪公园》至2007年为止仍名列全球票房榜前十名之内，首集票房成功之后并发展成系列电影。

鸟类的祖先

我们前面一直把鸟类和飞行爬行类相比。其实鸟类本身从身体结构和生理机能上来看，和爬行类也非常近似，所以有人把鸟类叫做"美化了的爬行类"。甚至有人认为鸟类是在恐龙的生理、构造基础上向空中发展的，主张把鸟类和恐龙合并做一个纲，叫恐龙纲，可以把鸟类看做是恐龙的延续后代。

说鸟类是恐龙的延续后代，那是不正确的。但是鸟类却的确是从爬行类发展而来的，不过不是从恐龙，而是恐龙的祖先，属于初龙类。

本来翼龙也就是一种飞行的初龙类。所以鸟类和翼龙的确可以算是堂兄弟。从这种意义上来说，鸟类也的确是飞行的爬行类。

但是翼龙作为一种飞行爬行类，到中生代末灭绝了。而鸟类这种飞行爬行类却经受住了那次浩劫的考验，并且发展成为一个

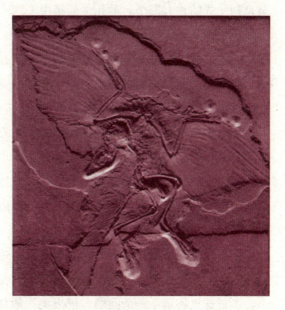

始祖鸟化石

独立于爬行类之外的新的一纲——鸟纲。

说鸟类是从爬行类发展来的，并不只是从构造、生理上分析推测的结果。原来已经找到了从爬行类向鸟类转变的过渡类型的动物化石。

1861 年，在德国巴伐利亚省索伦霍芬的上侏罗统石灰岩里，找到了一份化石标本，从骨骼构造看，是属于爬行动物的。这份化石被埋藏在细粒的石灰质沉积物里，不仅骨骼保存得很好，而且岩石上还有十分清晰的羽毛印痕。它不但前肢（翅膀）上和尾部有羽毛，连躯干上也有羽毛。显然这不是一般的爬行类，而是带羽毛的、有翅膀会飞行的爬行类。实际上它已经是鸟类了，它已经跨过了由爬行类向鸟类进化的门槛，成为鸟类的最早代表。这种鸟类因此命名叫始祖鸟。这是一种乌鸦大小的动物。

在第一件始祖鸟化石标本发现以后，过了 16 年，1877 年，又在那里附近发现了第二件始祖鸟化石。以后一直到 1956 年，才又在附近发现了第三件。1970 年，又在旧标本中找到了一个新的标本。到现在为止，已经发现的始祖鸟化石标本有五件，都是在德国这一地区发现的。

从始祖鸟的化石看，它一方面仍然保留了爬行类的许多特征，它的头骨完全是初龙式的，有两个后颞孔，但是由于脑部四周骨片的扩大而被挤缩。它的嘴还不是像鸟类那样的喙。它的嘴里有牙齿。它有一条 21 节尾椎骨组成的长尾。它的前肢还有三个趾头是分离的，趾端有爪。它的前胸狭窄，没有像后来的鸟类那样的龙骨突起。但是它的前肢已经变成翅膀，翅膀、尾部和躯干上部已经有了羽毛。它的骨骼是中空充气的。

那么始祖鸟是从哪一类爬行动物进化来的呢？

有人根据始祖鸟的骨骼构造和虚骨龙类非常近似，认为始祖鸟起源于虚骨龙。虚骨龙就是蜥龙类恐龙的原始类型。但是一般认为，始祖鸟的祖先不是虚骨龙。虚骨龙是已经从初龙类的槽齿类里分化出来的一支，始祖鸟的祖先却是直接从槽齿类主干里分化出来的另一支。

始祖鸟是刚从槽齿类中分化出来的原始鸟类，而虚骨龙是刚从槽齿类中分化出来的原始恐龙，它们的骨骼构造都是承袭槽齿类的。

不过这里还留下一个问题：槽齿类一般认为是在三叠纪末就已经灭绝了，而始祖鸟是晚侏罗世的动物。这中间有一段时间间隔，表明从槽齿类分化出来以后演变到始祖鸟，中间应该还有一些过渡类型。但是现在还没有找到任何化石。

发现始祖鸟的那种石灰岩一般认为是浅水湖相沉积，所以推测始祖鸟大概是生活在湖滨的动物，可能是吃鱼的。

始祖鸟适应飞行的各方面构造还不很完善，所以推测它大概还只能在低空滑翔。

它怎么从陆地行走变成在天空滑翔呢？这有两种意见。

一种意见认为它原来是一种善于奔跑的动物。从奔跑开始，在奔跑中用前肢来拍动空气以加快速度，这时候前肢上有由鳞片变成的原始羽毛的变异类型在生存斗争中处于有利的地位，才终于发展出带羽毛的翅膀，由翅膀扑动而开始离开地面到空中滑翔。

另一种意见认为它原来是树栖的，在树上利用带羽毛的翅膀滑翔是一种有利的活动方式，就使前肢上有由鳞片变成的原始羽毛的变异类型获得了更多的生存和繁殖机会，终于发展出带羽毛的翅膀而获得飞行能力。

根据第五件始祖鸟标本看，它不但翅膀上有爪，后趾末端也有尖利而弯曲的爪。这种爪对奔走不利，而对攀缘树枝有利。这似乎支持树栖说。

沉积物

为任何可以由流体流动所移动的微粒，并最终成为在水或其他液体底下的一层固体微粒。

沉积物亦可以由风及冰川搬运。沙漠的沙丘及黄土是风成运输及沉积的例子。冰川的冰碛石矿床及冰碛是由冰所运输的沉积物。简单的重力崩塌制造了如碎石堆、山崩沉积及喀斯特崩塌特色的沉积物。每一种沉积物类型有不同的沉降速度，依据其大小、容量、密度及形状而定。

繁殖，或称生殖，是通过生物的方法制造生物新个体的过程。繁殖是所有生命都有的基本现象之一。每个现存的个体都是上一代繁殖所得来的结果。已知的繁殖方法可分为两大类：有性繁殖与无性繁殖。

鸟类的进化

鸟类的化石保存的机会比较少，是因为鸟类骨骼薄而中空的缘故，所以在脊椎动物各纲中，鸟类的化石最稀罕。

除了侏罗纪的鸟类只发现了五件始祖鸟化石外，白垩纪的鸟类化石虽然稍多一些，也仍然很有限。新生代的鸟类化石发现的比较多，但是大多数只是一些零星的碎骨。只有在一些特殊的化石堆积如更新统的沥青层里，才找到比较完整的新生代的鸟类化石。

所以关于鸟类的进化过程，我们也是知道得很不细的。

鸟类在晚侏罗世出现以后，到了白垩纪，在向现代鸟类进化的道路上已经迈出了一大步。

白垩纪鸟类的头骨已经有像现代鸟类那样各块骨头愈合的现象，颞孔进一步退化。骨骼中的气孔更加发展。胸骨已经大大扩张。骨盆（腰带）和荐椎骨已经愈合成一个构造。指骨也不像始祖鸟那样分离，已经开始像现代鸟那样愈合。但是白垩纪的鸟类仍然保留牙齿这一原始性质。

白垩纪的鸟类化石在北美、南美、欧洲都有发现。最著名的是在美国堪萨斯州发现的黄昏鸟。这是一种特化了的鸟，翅膀已经退化，营游泳和潜水生活，吃的主要是鱼，和现代的潜鸟、鸊鷉相似。另外有一种叫鱼鸟，是一种和黄昏鸟相似的鸟类，也是靠吃鱼生活，所以叫鱼鸟。这两类鸟都已经灭绝。

鸟类进入了新生代，差不多已经全面地现代化了，牙齿已经消失，骨骼结构已经发展到了今天的样子。可以说新生代中鸟类在身体结构上已经没有多大进化了。

但是鸟类在新生代还是有很大的进化发展的，这主要表现在它们向许多不同的生活方式适应，引起了异常多样的辐射分化，产生了身体比例、羽毛色彩、外部形态以及生活习性上的种种变异，形成了繁杂的种类和支系。

新生代鸟类在骨骼结构上比较一致，而在外部形态上多种多样，这给研究鸟类化石带来了困难，因为外部形态在化石上往往是很难辨别的。

新生代鸟类化石在世界各地都有发现。中国曾经在内蒙古发现白垩纪晚期到新生代初期的松鸦蛋化石，这是中国发现的最早的鸟蛋化石。在青海泽库茶卡油页岩中发现三块鸟类羽毛的印痕化石，年代大概在老第三纪的始新世，这是中国发现的最早的羽毛印痕化石。在山东临朐的硅藻土沉积地层中发现一种鸟化石，命名叫山旺山东鸟，年代大概在新第三纪的中新世中期。第四纪更新世的鸵鸟蛋化石屡有发现，在北京周口店不仅发现过鸵鸟蛋化石，还发现过鸵鸟的腿骨化石以及其他许多鸟类的骨骼化石。

硅藻土

硅藻土是一种硅质岩石，主要分布在中国、美国、丹麦、法国、苏联、罗马尼亚等国。我国硅藻土储量3.2亿吨，远景储量达20多亿吨，主要集中在华东及东北地区，其中规模较大、工作做得较多的有吉林、浙江、云南、山东、四川等省，分布虽广，但优质土仅集中于吉林长白地区，其他矿床大多数为3~4级土，由于杂质含量高，不能直接深加工利用。

延伸阅读

鱼鸟，是白垩纪晚期鱼鸟目的代表属。体高几达1米，大小与现代燕鸥很相似。颌骨具向后倾斜的牙齿，胸骨龙骨突发达，翅强大，具较强的飞行能力。中生代结束后即灭绝。鱼鸟是现代具有龙骨突的鸟类进化史上的一个旁支。

1872年，在美国堪萨斯州白垩纪石灰岩内首次发现，但缺少头骨，仅有部分下颌骨。1975年在美国亚拉巴马州晚白垩世地层中发现完整的鱼鸟化石。那长长的下颌，向后倾斜的牙齿和具有很强飞行能力的翅膀等，都证明它与其他鱼鸟类一样，能飞行，肉食性，非常适应白垩纪的海相环境。

无脊椎动物在中生代

晚期盛极一时的四射珊瑚、床板珊瑚类都消失了，腕足类也大衰退，而软体动物的崛起成为中生代无脊椎动物发展历史上的一个显著特征，如海洋中头足类的菊石和瓣鳃类并迅速向陆地进军，很快地占领了河流、湖泊，淡水类型也大大发展起来，与其同时兴盛的还有软体动物的另一类型——腹足类，但它们比瓣鳃类要逊色得多，作为标准化石的意义也没有那么重要，但也是海水和淡水中常见的类型。除软体动物以外，节肢动物如介形虫、叶肢介和昆虫类也大量发展，此时的昆虫类出现了可以折叠的翅。

海洋中的头足类——菊石

菊石属于软体动物头足纲，起源于古生代中期，到中生代趋于极盛，几乎霸占了整个大海，菊石类化石达数千种之多，乃至有人称中生代为"菊石时代"。随着中生代结束菊石也就和恐龙一道终于灭绝了。

菊石外形及大小和菊花差不多，菊石也有很大的，例如就有一种状怪如轮，直径可达3米的，如将其展直，制成梯，可爬至四层楼顶。据说，大英博物馆收藏的一块菊石碎壳，直径长达2米，推算整个菊石展开长达11米。

菊石化石在中国南方及东北乌苏里江一带均有发现，中国登山队在西藏就采到很多的中生代菊石化石。

海洋和陆地水域中的双壳动物——瓣鳃类

瓣鳃类就是指今天在海洋和湖泊中常见的蚌、蚬、蛤、蚶等动物，它们从古生代初期的海洋中就已出现，在中生代则向陆地进军，广布于海洋和淡水湖泊中，达于极盛，一直延续至今。

瓣鳃类的主要特点是具有两瓣壳（有人称双壳类），它的鳃通常呈瓣状，称为瓣鳃类。又因它的足常呈斧形，故又称为斧足类。

瓣鳃类具有两个大小相等的壳，两壳在背方铰合，腹方张开，两壳均有壳喙，壳喙通常指向前方。如果观察者把两壳背面向上，腹面向下，前方向前，后方面对观察者，在观察者左边一个壳称为左壳，右方的一个壳称为右壳，其中壳长为前后最大距离，壳高为背腹最大距离，壳厚为两壳之间的最大距离。

中生代海洋中的瓣鳃类有早三叠世的克氏蛤、中三叠世的优美同心褶蛤、侏罗纪的三角蛤。淡水瓣鳃类有侏罗世的裸珠蚌、晚三叠世的费尔干蚌、白垩纪的类三角蚌和假嬉蚌。

腹足类——螺壳

化石腹足动物包括生活在海洋、湖沼和陆地上的各种螺类。它们的足常位于身体的腹侧，有宽大的肌肉足，故名腹足类。足的前部是头，头有口和感觉器官。通常有一个外套膜分泌的螺壳。

腹足类出现于早古生代，直到中生代开始发展到现代。螺壳由螺塔和体螺环组成。螺塔由许多螺环组成，螺环之间接合线为缝合线。壳有口，壳口内有内唇，壳口外面有外唇。壳面还常有生长线及垂直于生长线的旋、壳纹、壳脊等。将壳顶向上。壳口面向自己，壳口在观察者右方，则为右旋壳，壳口在左方则为左旋壳。

节肢动物从海洋向陆地和空中发展

甲壳类——叶肢介

叶肢介化石从泥盆纪出现，至中生代大量发展直到现代，主要产于陆相地层中，在海相地层中也有。现生叶肢介常生活在池塘、水田、水沟等小水域中。常常在春季出现，夏季或初秋消失，整个生活史仅有三个星期至几个月时间，主要食物是细菌、藻类、原生动物等。

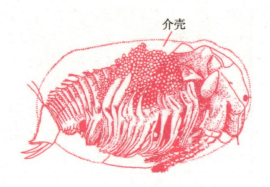

南京狭蚌虫

如中国南京的南京狭蚌虫就是一种现生叶肢介节肢动物。它披有两瓣半透明的几丁质壳瓣类似的外壳，其躯体头部有一对复眼。全部躯体具有10～42个体节，体节生有附肢并成叶状，这就是叶肢介名称的来源，最后部分的体节无附肢，但其各节的背面具刺或刚毛。

一种微体节肢动物——介形类

介形类也是双壳动物，但个体很小，一般只有0.5～4毫米。它的壳面上没有同心状的生长线，壳质全为钙质，再加上独特的壳面装饰很容易和叶肢介区别。

介形类出现于寒武纪，古生代地层中均有发现，在中生代很繁盛，地理分布很广，一直延续到现代。它在海水、半咸水及淡水等大小水域均能生存，中国中生代陆相地层中（特别是几个含油盆地中）介形虫化石很丰富，是重要的分层化石。

介形类化石鉴定主要根据壳的形态、壳面装饰及双壳的接触关系等特点。

昆虫出现从不能折叠的翅到能折叠的翅

原始的有翅昆虫，它们的翅都和现代的蜉蝣、蜻蜓相类似，虽然能够上下振动,在飞行的时候平展开来,停止的时候对叠竖立在背上(蜉蝣)或者平放在身体两侧(蜻蜓),但是不能像现代的蝗虫、蟋蟀那样收缩折叠起来。翅不能折叠的那一种类型有翅昆虫,叫做古翅类。

古翅类昆虫包括古网翅目、原蜻蜓目、蜉蝣目以及二叠纪出现的蜻蜓目等。古网翅目可能比较接近有翅昆虫的共同祖先,就是说最先出现翅的是古网翅目,以后由它分化出其他各种有翅昆虫。

古翅类昆虫在石炭纪十分繁盛,但现在留下来的只有蜻蜓目和蜉蝣目。到晚石炭世,有翅昆虫已经从原始的古翅类分化出进步的新翅类。

新翅类和古翅类的区别,主要就是翅能收缩折叠覆盖在背部。这是由于在翅的基部发展出两块特殊的骨片,叫第三腋片,使翅关节和肌肉相连,这样翅就能在基部弯曲,并且折叠起来。

最早的新翅类昆虫包括原直翅目、直翅目、蜚蠊目等。直翅目、蜚蠊目一直繁衍到今天。现代的直翅目昆虫包括蝗虫、蟋蟀、蝼蛄等。现代的蜚蠊目昆虫就是蟑螂。

新翅类昆虫比古翅类昆虫有很大的优越性。它们在静止的时候把翅折叠起来,占的空间小,目标也小,活动也更加灵活;有的后来还把前翅发展变厚,成了甲虫(属于鞘翅目),起到更好的保护作用。它们无疑更加适合在不同的环境中生存和发展。

传粉昆虫

昆虫经过二叠纪的不利气候条件的锻炼,体形普遍地变小,古代一些原始类型先后灭绝了,许多新的类型出现了。

进入中生代以后,昆虫继续繁盛。尽管当时陆上已经有其他类型动物相继兴起,但是昆虫和这些动物各据一方,昆虫循着自己独特的路线发展,在动物界中始终占据着一定的优势地位。

到了中生代的白垩纪,植物界中有花的被子植物兴起,植物发展进入被子植物时期。被子植物由两性花发展到单性花,由雌雄同株发展到雌雄异株,由风媒为主发展到虫媒为主。植物界的这种发展是和昆虫的发展相联系的。被子植物的花粉和花蜜给昆虫提供了理想的食物,昆虫在采蜜过程中无意地又为被子植物传了粉。这两种生命形式正好相辅相成，共存共荣。

被子植物的花的变化也是和昆虫的分化互相适应的。在白垩纪，被子植物刚出现的时候，花大，花的各部分螺旋状排列或辐射对称排列。这时候起主要传粉作用的是鞘翅目（甲虫类）昆虫，其次是双翅目（蝇类）和膜翅目（蜂类）昆虫。进入新生代，老第三纪，就是古新世、始新世、渐新世，合瓣花大量出现，花冠连成长管，身体稍大的昆虫采蜜就比较困难了。这时候有长吻的鳞翅目（蝶类）和膜翅目（蜜蜂和胡蜂）成了主要传粉的昆虫，另外，缨翅目（相当于现代的蓟马类）和半翅目（相当于现代的椿象类）也起一定的作用。

到了新第三纪，就是中新世和上新世，两侧对称的花和花序增多，膜翅目（熊蜂和胡蜂）、鳞翅目（蝶类和蛾类）和双翅目（长舌的蝇类）的作用比较大。随着植物异花受粉作用增多，昆虫传粉也发生特化和专一化现象。这是因为昆虫的访问刺激了某些植物的花，使它们加强了蜜腺隐蔽和花粉特化。于是某些昆虫的躯体大小和吻部结构也随着花的大小和蜜腺隐蔽起了相应的变化。原来对于雄蕊多、蜜腺不隐蔽的花，昆虫容易取得花粉和花蜜，是不需要特种的吻的，这种昆虫也用不着去选择花。现在对于雄蕊少、蜜腺隐蔽的花，只有体小而又有长吻的蜂类、蝶类和有长舌的蝇类才能采得花粉和花蜜。所以花的进化和昆虫的进化是平行发展、相互作用的。

从新生代起，昆虫世家又出现了几个新的成员，它们是螳螂目、蚤目、纺足目、捻翅目。这几个目都一直传到现在。

螳螂和蚤是大家都熟悉的。纺足目昆虫叫丝蚁，它们的前足有纺丝腺，能分泌丝，结成丝管，自己栖息在里面。捻翅目昆虫身体微小，雄虫营自由生活，雌虫无翅，足和触角都退化，形状如蛆，常寄生在其他昆虫里。

社会性昆虫

在昆虫中还出现了一种独特的现象，如蚂蚁和蜜蜂，它们过着高度社会化的生活。我们可以把它们叫做社会性昆虫。

这些昆虫的社会里有严密的分工和等级制，不同个体的机能分化又导致了形态上的分化，造成了社会性昆虫的多型现象。

例如蜜蜂是大家都熟悉的一种社会性昆虫。母蜂（蜂王）个体最大，雄蜂稍小，工蜂最小。母蜂和工蜂都是由受精卵孵化产生的雌蜂。在幼虫阶段，只有少数几只由工蜂喂王浆长大，成为母蜂；大多数都只喂乳糜，后天失调，长成的雌蜂已经没有生殖能力，这就是工蜂。雄蜂却是由未受精的卵孵化产生的（这种生殖方式叫产雄孤雌生殖或产雄单性生殖），寿命只有三个月，到交配期间大部分被淘汰，只有最强健的少数几只才能和蜂王交配，交配后也随即死亡。蜂王和雄蜂只管繁殖后代，整个蜂群的采蜜、筑巢、饲养幼虫、服侍蜂王、看守巢穴等工作都由工蜂负责。

目前我们对社会性昆虫的起源和进化过程仍然不清楚。只有在白垩系和第三系地层里找到过一些化石。最早的是蚂蚁和白蚁，蚂蚁属于膜翅目，白蚁属于等翅目。在美国白垩系的琥珀化石里，曾经发现过工蚁，说明那时已经有社会性昆虫。在德国晚渐新统地层里也找到过社会性昆虫胡蜂的化石，胡蜂也属于膜翅目。估计蜜蜂的历史也有这样悠久。

知识点

乌苏里江

乌苏里江是中国黑龙江支流，中国与俄罗斯的界河。上游由乌拉河和道比河汇合而成。两河均发源于锡霍特山脉西南坡，东北流到哈巴罗夫斯克（伯力）与黑龙江汇合。长909千米，流域面积18.7平方千米。江面宽阔，水流缓慢。主要支流有松阿察河、穆棱河、挠力河等。

延伸阅读

蜂王也叫"母蜂"、"蜂后"，是蜜蜂群体中唯一能正常产卵的雌性蜂。通常每个蜂群只有1只。体较工蜂长1/3，腹部较长，末端有螯针，腹下无蜡腺，翅仅覆盖腹部的一半。足不如工蜂粗壮，后足无花粉筐。蜂王在蜂群中，寿命3~5年。

蜂王本来和普通的工蜂无分别，普通的工蜂孵化成幼虫后可以食三四日蜂王浆，但是如果一条好运气的幼虫（又称蜂王幼虫、蜂王胎、蜂皇胎）被安排住入王台，就终生有蜂王浆食，就会变成蜂王。但是王台不只一个，有十个八个，最先破蛹而出的蜂王会下令杀死未破蛹的蜂王。

如果有两只同时破蛹的话，就使出"王者之针"进行王者之战，二者必有一死方休。

哺乳动物时代——新生代

　　新生代是地球历史上最新的一个时代，其时间从距今7000万年开始直到现代，其经历时间只相当于古生代的一个纪。新生代包括第三纪与第四纪，第四纪只有200年左右。

　　这一时期，地球上显花的被子植物和天空中飞翔的鸟类，使得地球表面呈现一派百花争艳、百鸟争鸣的景象。水生脊椎动物中的真骨鱼种类繁多，是水生动物中的主要成员，广布于淡水和咸水中。第四纪的鱼类、两栖类（如蛙）、爬行类（如蛇、龟、蜥蜴）其属种与现代相同。

　　由于越接近现代，生物的演变速度越快，所以，新生代虽然经历时间较短，但它划分的历史阶段更细。如第三纪可分为早第三世和晚第三世，早第三世又分为古新世、始新世、渐新世；晚第三世分为中新世和上新世；第四纪则分为更新世及全新世。

　　新生代无论是动物和植物都发展到了最高级的新阶段。中生代的结束以爬行动物的衰落和恐龙的灭绝为特征，新生代的来临则以哺乳动物——有胎盘类的发展繁荣为标志。

哺乳类动物大观

哺乳类的肇始

脊椎动物发展的顶点是哺乳类,但是这并不是说,哺乳类是脊椎动物中最晚发展出来的。

事实上,鸟类从爬行类分化出来是在侏罗纪,而哺乳类却早在三叠纪晚期就已经出现了。所以哺乳类的出现在鸟类之先。

从现有的化石资料看,从三叠纪晚期到侏罗纪,已经出现的原始哺乳动物有五类:梁齿兽类、三尖齿兽类、多尖齿兽类、对齿兽类、古兽类。

梁齿兽类以莫根兽为代表。莫根兽分布于欧洲和亚洲,在美国亚利桑那州也有发现,生活在晚三叠世,是一类小型哺乳动物。它具有细长的下颌骨,下颌骨由单一的一块齿骨组成,这是属于哺乳动物所特有的形式。下颌骨和头骨主要由齿骨和鳞骨相关接,但是下颌骨上还保留着关节骨的残余,头骨上也保留着方骨的残余,关节骨——方骨关节原是属于爬行动物的关节形式。莫根兽的牙齿已经分化,有小的门齿,大而锐利的单个犬齿,犬齿后有前臼齿和臼齿。

三尖齿兽类分布的地区比较广,从欧洲、亚洲、非洲到美洲都有发现,生存的时代从三叠纪晚期一直延续到白垩纪初期。它们也都是小型哺乳动物,从家鼠到家猫大小。下颌骨相当长,有一列已经分化的牙齿,门齿三到四个,犬齿一个,前臼齿四个,臼齿五个。中国云南禄丰上三叠统地层里找到的中国尖齿兽,就是一类原始的三尖齿兽类,它有三个门齿,前臼齿和臼齿都有纵列的三个齿尖。

多尖齿兽类是一类高度特化了的原始哺乳动物。它生存时代从晚侏罗世一直延续到新生代早期。它的头骨笨重,上下颌各有一对长而大的门齿,臼齿上有二到三纵列的齿尖。它是最早适应草食的哺乳动物。这些都和现代的啮齿类十分相似。中国内蒙古的古新统地层里找到过相当丰富的多尖齿兽类的化石。

对齿兽类所以得名，是因为它们的臼齿三个主尖排列成对称的三角形的缘故。它们生活在晚侏罗世到早白垩世。

古兽类主要生活在侏罗纪中期到白垩纪初期。它的牙齿不像多尖齿兽类那样特化，是一种没有特化的三锥齿式，后来的哺乳类的牙齿都是从这种基本构造演变而来的。所以一般认为古兽类是后来的哺乳类的祖先。古兽类可以说是原始哺乳动物中特别重要的一类。

那么这些原始哺乳动物是从什么演变而来的呢？

我们前面讲爬行动物的时候曾经讲到似哺乳动物，就是兽孔类，特别是兽孔类中的兽齿类，它们有许多特征和哺乳动物很相似，可以认为，原始哺乳动物正是从似哺乳动物起源的。

兽齿类的主要特征是：不像一般爬行动物那样牙齿不分化，全是一个类型的；而是分化成门齿、犬齿、颊齿（颊齿包括前臼齿后臼齿），颊齿上还长有齿尖。这和哺乳类——兽类相同，所以叫兽齿类。

原始兽齿类叫丽齿兽类，早期的进步的兽齿类叫兽头类。有一类叫包氏兽类，是特化了的类型。兽齿类中更重要的是犬齿兽类，晚期的进步的兽齿类可以犬颌兽作为代表。它生活在早三叠世，身体最大有一头大狗那么大。它的头骨比较大，长而窄；眼后有扩大了的颞孔，可以容纳非常强大的闭合下颌骨的肌群；上颌骨也扩大了，下颌骨中的齿骨发展成为很大的一块骨头。牙齿已经高度分化。

从犬齿兽类发展成为三列齿兽类。中国云南禄丰上三叠统地层里发现的卞氏兽是世界闻名的，它属于兽齿类中的三列齿兽类。构造特征已经很接近哺乳动物，只是下颌仍然具有爬行动物的特征，由一块以上的骨头组成。

兽齿类中还有一类叫鼬龙类，构造特征上更接近哺乳动物。鼬

卞氏兽复原图

龙类中有一种叫双关颌兽，发现在南非上三叠统地层里，它在上下颌之间同时有两组关节。原来爬行类的上下颌之间由关节骨和方骨相连接，而哺乳类是由下颌骨和鳞骨相连接的。双关颌兽却既有爬行类的关节骨和方骨关节的残余，又有哺乳类的下颌骨（齿骨）和鳞骨的直接关节。

那么，在兽齿类动物众多类型中，哺乳动物的祖先更接近于哪一种呢？

这个问题可不容易回答。因为在各种兽齿类中，进步性质和原始性质交错存在。有些兽齿类在某些性质上向哺乳动物的方向发展得很远，但是在另外一些性质上却还比较原始。比如兽头类是早期的类型，它的很多特点都很原始，但是颞孔增大，而且趾式已经不是爬行类的2-3-4-5-3（4），而是2-3-3-3-3，这是哺乳类的趾式。又比如三列齿兽已经有许多进步性质，几乎可以把它放到哺乳类里去，可是它的上下颌连接方式却是关节骨——方骨关节，这是属于爬行类的。

因此，对哺乳动物的祖先曾经作过种种推测，有的认为是鼬龙类，有的认为是三列齿兽类，有的认为是包氏兽类，有的认为是犬齿兽类。

目前比较一致的看法是，绝大多数的哺乳动物是从犬齿兽类起源的（当然指晚三叠世的犬齿兽类的祖先类型），但是在各种原始哺乳动物里也有从其他兽齿类起源的。这就是说，哺乳动物是多源的。

原始哺乳动物的出现是在中生代初期。这时候地球上的气候比较温暖湿润，地面上裸子植物已经开始繁盛，动物界除了昆虫占领了低空，主宰大地的主要是爬行动物。不过爬行类中的恐龙还没有登上历史舞台。二叠纪晚期到三叠纪初期是爬行动物中的兽孔类（似哺乳动物）最繁盛的时期。到三叠纪晚期，兽孔类种类逐渐减少，只有极少数生存到侏罗纪初期。

但是就在兽孔类（包括兽齿类）本身趋于灭绝的过程中，它中间的有些进步类型却朝着哺乳动物的方向发展，终于跨进了哺乳动物的门槛，成为新的一类脊椎动物——哺乳动物。

发展初期的原始哺乳动物一般个体比较小，性质比较原始，数量也少，分布密度不大，分布面积不广。但是它们毕竟是新生的力量，虽然还很弱小，却有广阔的前途。

最低等哺乳动物

原始哺乳动物，虽然由于已经具备了哺乳动物的一些典型特征而跨进了哺乳动物的门槛，不能再算是爬行动物了，但是也还往往带有某些原始的仍然属于爬行动物的性质。如单孔类哺乳动物就是这种"亦此亦彼"的典型，包括鸭嘴兽和针鼹，是一类现存的最低等的哺乳动物。

鸭嘴兽和针鼹现在生活在澳大利亚和伊里安岛。鸭嘴兽体肥扁；嘴扁平突出，状似鸭嘴；眼小，没有外耳；尾短而扁平；体毛细密；四肢有蹼，适宜于游泳，又有尖锐的爪，适宜于掘土。它们穴居在河川边，在河川泥底挖掘虫类等食物。针鼹外形像刺猬，体毛杂有针刺；喙尖短，没有牙齿，舌长有黏液；腿短，爪长而锐利，善于掘土。它们穴居在森林里，吃蚁类和其他虫类生活。

鸭嘴兽

单孔类是温血动物，体温虽不高，也有变化，一般在 25℃～35℃ 之间，但总算是在一定范围里的恒温，体表已经披毛可以保温。它们虽然没有乳头，

针鼹

但是有乳腺，乳腺管开口在皮肤的特别部位，叫乳腺区。它们已经用乳汁哺育幼仔。它们的胸腹之间有横隔膜。所以它们应该归属于哺乳类。

但是单孔类不是胎生而是卵生的，并且，单孔类还有一个比较原始的地方就是它的直肠和泌尿生殖系统是同一个孔——泄殖腔，不像一般哺乳动物，肛门和泌尿生殖系统是分开的。这一类动物叫做单孔类，就因为它们只有一个泄殖腔。它们的骨骼构造也保留了许多爬行动物的特征。

单孔类，没有发现过在新生代更新世以前的化石记录，但是从它的构造形态看，肯定是属于最原始的哺乳动物。现存的单孔类可以说是活化石。

低等哺乳动物——有袋类

到白垩纪初期，前面介绍的几种原始的哺乳动物基本上都已经灭绝了，除了少数几种多尖齿兽类延续到新生代早期，以及从梁齿兽类发展到现存的单孔类一支之外。但是，从原始哺乳动物的古兽类，却在这时候分化出了两支新类型的哺乳动物：有袋类和胎盘类。后者是真正的胎生哺乳动物，是高等哺乳动物。

有袋类是一类低等哺乳动物。虽然它已经不像单孔类是卵生的而是胎生的了，但是还没有胎盘，或者说只有原始的胎盘，还不能算是真正有胎盘。幼仔产生的时候发育不完全。母体腹前有一个育儿袋，幼仔在育儿袋里含住母体的乳头逐渐成长。

最早的有袋类化石发现在北美洲上白垩统地层里，和现代的美洲负鼠相似，是现代美洲负鼠的祖先。看来负鼠从白垩纪到现代这段漫长的时期里很少改变，所以负鼠也可以说是一种活化石。因此我们可以从负鼠来了解原始有袋类。

负鼠的大小和家猫差不多，毛很粗糙；有一条秃尾巴，能用来绕住树枝；脚很原始，爪发育很好。所以负鼠是爬树能手。它的头骨没有特化，脑颅很小，牙齿很原始，上面五个，下面的齿式是 4－1－3－4，臼齿也是原始类型。

晚白垩世的这种负鼠叫始负鼠，可以认为是有袋类的祖先，大概是从白垩纪初期的古兽类分化出来以后演变下来的。至于从什么古兽类分化出来，从早白垩世到晚白垩世又是怎样演变的，现在都没有化石资料能够说明这些问题。

从始负鼠起，有袋类沿着不同的适应辐射路线发展着。

现代有袋类主要生活在澳大利亚和美洲。

澳大利亚有袋类最出名的是大袋鼠,是植食性的。它常用强有力的后腿跳跃前进。但是除了袋鼠之外,还有各式各样的有袋动物,如袋兔、袋熊、袋鼬、袋狼、袋獾等,有些是杂食性的,也有些是肉食性的。

美洲的有袋类,在新生代的第三纪中期和晚期曾经出现过肉食性的袋犬、袋剑虎,还有植食性的古袋鼠,现在都已经灭绝了。现存的有袋动物除负鼠外,还有新袋鼠。

现代的有袋类只分布在澳大利亚和美洲,这是不是说在别的大陆从来没有过有袋动物呢?虽然现在化石证据还很不充分,但是古生物学家都倾向于认为,在白垩纪的时候,有袋类很可能在全世界广泛分布。

袋鼠

袋狼

在白垩纪末期,由于大陆漂移,澳洲和亚洲完全分开。在澳洲的有袋类没有遇到高等哺乳动物的竞争,获得广泛的适应辐射,一直继续生存到今天,成为占优势地位的动物。

美洲也在白垩纪离开了欧洲和非洲。而在第三纪早期,南美洲又由于地峡断裂而和北美洲相隔离。因此美洲、特别是南美洲也成了有袋动物的家乡。但是北美洲后来发展了高等哺乳动物。在第三纪末,南美洲再一次通过地峡和北美洲连接起来。因此美洲的有袋类绝大多数在和高等哺乳动物的竞争中灭绝了,但是还有一些幸存者,生存到今天。

至于在其他几个大陆，它们都经受不住高等哺乳动物的竞争，在第三纪晚期灭绝了。

和有袋类竞争的高等哺乳动物，就是从古兽类分化出来的有胎盘类。

有胎盘类哺乳动物

新生代通常被称为哺乳动物的时代，更应称之为有胎盘类哺乳动物的时代，因为从白垩纪过渡到新生代以后，这些动物几乎是地球上最占优势的动物。

有胎盘哺乳动物又称真兽类，它们的幼仔在母体内生长一个相当长的时期，发育到一个比较成熟的阶段出生。它们从古老的爬行动物的卵那儿继承的尿膜与子宫相接触，通过这个接触区域——胎盘，食物和氧气从母体输入到正在发育的胚胎。因此，有胎盘类哺乳动物在出生的时候，比起有袋类新生的幼仔来，无可比拟地成熟得多。

有胎盘类脑颅的扩大也许是最重要的特征，它反映出大部分有胎盘类与有袋类比较起来具有更高的智力。和有袋类通常穿透了的口盖相比，有胎盘类头骨具有结实的骨质口盖；下颌上向内弯曲的角经常缺失。具有7个颈椎，颈椎后面是一系列带有肋骨的胸椎，再后面是一系列没有肋骨的腰椎。肢带和四肢基本上与有袋类的相似，骨盆上没有上耻骨或袋骨。

牙齿在研究有胎盘类哺乳动物上具有特别的重要性。如果所有有胎盘哺乳动物（除了人以外）都灭绝了，而仅以牙齿化石来分类，结果也和根据哺乳动物整体解剖知识所得出的分类基本相同。

有胎盘哺乳动物的基本齿式是上下颌每边有3个门齿、1个犬齿、4个前臼齿和3个臼齿。这个齿式可以用数字表示为：3－1－4－3，它在白垩纪最早的有胎盘类中就已经出现，而且还保留在许多现生哺乳动物中。当然，有许多有胎盘类中，牙齿已经极端特化，但都是从原始齿式分化出去的。

大多数有胎盘哺乳动物的门齿都比较简单，为单一齿根的钉或片，适于夹住食物。有些哺乳动物的门齿增大，而另一些的则退化或者消失。在几种哺乳动物中，它们变得复杂了，带有梳状的齿冠。但尽管它们有着各种各样的特化，门齿总是保持单一的齿根，使牙齿固定在颌骨上。

原始哺乳动物的犬齿增大成刺状，起刺戮或穿透作用。犬齿在许多分化适应中总是保持单一的齿根，但是在齿冠上可以出现各种特化，特别是在形状和大小上。

有胎盘类的前臼齿常常有复杂的结构，而且通常从前向后愈来愈复杂。例如，第一前臼齿可以是具有2个齿根的狭冠齿，而最后一个前臼齿可以是齿冠由几个尖组成的宽冠齿，具有3个或更多齿根。很多特化了的哺乳动物后面的前臼齿显得与臼齿很相似。在早期有袋类和有胎盘类中，上牙由三角形组成，并与下牙的三角座相剪切。除了上下臼齿的这种剪切动作以外，还有由上三角座的内尖咬入下臼齿三角座后部后齿座的压碎作用。这种类型的臼齿常常被称为三尖式、尖切式或者三楔式。三楔式臼齿组成了高等哺乳动物各种各样臼齿演化的基础。三楔式上下臼齿是方向相反的三角形，上臼齿上的三个尖叫做原尖、前尖和后尖，前者位于牙齿的内侧，后两个位于外侧。

此外，在上臼齿主要的尖之间还有两个中间的尖，即原小尖和后小尖。在下臼齿上，外侧的尖叫做下原尖，两个内侧的尖称为下前尖和下后尖。在下臼齿的跟座上通常也有三个尖，外面的称为下次尖，内方的称为下内尖，后面一个，也就是在盆形后部的一个，称为下次小尖。

组成上下三楔式臼齿的主要的尖可以认为有共同的起源，这样在所有有袋类和有胎盘类中它们都是同源的。

在许多比较进步的哺乳动物中，位于上臼齿后内角的还有个第四主尖——次尖。这个尖的出现是在各目哺乳动物进化历史上新增添上去的；但是始终还不能确定在具有这个尖的那些哺乳动物中，次尖是不是都是同源的。在很多哺乳动物的臼齿中，还有各种不同的脊或棱，在上臼齿上的叫做脊，在下臼齿上的叫做下脊；在牙齿的边缘还有某些小的附加的尖，在上下臼齿上，分别叫做附尖和下附尖。

在有胎盘哺乳动物中，上下臼齿之间颌的动作有4种类型，其中3种在原始哺乳动物的三楔式臼齿中已经有了。第一种，尖的交错，上下臼齿上这些尖互相咀咬，以擒住和撕碎食物。例如下原尖与上齿外侧的前尖和后尖交咬，而原尖与下齿内侧的下前尖和下后尖交咬。第二种，齿边缘或棱脊彼此剪切，以切碎食物。在三楔式臼齿中，上臼齿三角座的前后缘切过下三角座的前后缘。第三种，牙齿一定部分互相对压，以压碎食物。原尖咬入下后齿座的盆中便是这样的作用。第四种，相对齿面像磨粉机一样互相研磨，以磨碎食物。在许多特化的哺乳动物扩展的臼齿齿冠上可以看到这种作用。

最古老的有胎盘类哺乳动物

最古老的有胎盘类哺乳动物出现在中生代的白垩纪，大概是从原始哺乳动物古兽类中分化出来的，叫做食虫类。

食虫类是一种小型的哺乳动物，身体外面有柔毛或硬刺，外形像小老鼠，通常靠吃虫类生活，所以叫食虫类。

从化石材料看，古食虫类有一个小而结构原始的脑子，头骨低，牙齿尖锐，分化不明显，犬齿比较大，呈穿刺状。蒙古发现过白垩纪非常原始的食虫类化石叫重褶齿猬。中国发现过的食虫类化石有内蒙古古新统的肉齿猬、河北唐山更新统下部的渤海鼩、北京周口店更新统中部的中国水鼩等。最近在美国的亚利桑那州也发现了白垩纪的食虫类化石。

古食虫类原始但是没有特化，因此具有广阔的发展前途。

鼹鼠

食虫类现在还有它的后代，但是它们都已经特化，只适应某种局部的生态环境，如地下、水里或树上。常见的有鼹鼠、刺猬、鼩鼱等。它们是目前世界上最小的哺乳动物。除了澳洲和南美洲，世界上其他地区都有它们的踪迹。

在今天，食虫类对于我们人类来说，几乎是无足轻重的。但是，在哺乳动物的进化史上，食虫类却占据了一个十分重要的位置。极大部分哺乳动物，包括我们人类在内，都是从食虫类分化发展出来的。它是有胎盘类哺乳动物辐射进化的中心。

有胎盘类动物的进化

从中生代末期到新生代演化出来的有胎盘类哺乳动物一共有 28 个目，其中有 12 个目已经灭绝，现存的还有 16 个目。

这许多支系的哺乳动物，虽然都是直接或间接从原始有胎盘类起源的，由于是适应不同环境条件辐射进化产生的，以致很难把它们归并成若干个比较大的类群，更不用说把它们画成枝干分明的谱系树了。

但是，在这 28 个目中，有些目之间的亲缘关系还是比较清楚的，可以把它们并入几个自然类群。也有一些目却的确处于孤立的地位，它们和其他的目或原始有胎盘类的亲缘关系还很不清楚，但是我们可以把它们单独列出来作为一个类群。这样，可以把有胎盘类的 28 个目大体上归并成 8 大类群。

第一个类群是食虫目，以及和它有些亲缘关系的目。如蝙蝠，属于翼手目，它们主要是空中的食虫动物，显然也是从食虫类发展出来的，虽然已经相当特化了。还有一个目叫皮翼目，以能滑翔飞行的飞猴作为代表，也是来源于食虫类的。

蝙蝠

第二，食肉哺乳动物。早期的食肉哺乳动物，所谓古食肉目，也明显起源于食虫类。从古食肉类发展到现代食肉类，所谓食肉目，这是现代哺乳动物中一个很大的类群。

第三，鲸类，属于鲸目。这一类群由于适应海洋生活而极端特化，它们可以说是海洋食肉动物。

第四，有蹄哺乳动物，是植食性的，或者说是食草动物。原始有蹄哺乳动物属于踝节目，它和某些早期古食肉类可能有共同的起源，又可能是以后各种有蹄动物的祖先，是有蹄哺乳动物这一巨大类群的基干。

第五，兔类和鼠兔类，是一个分明而独立的目，也可能起源于踝节类。

第六，包括各种鼠类，是现代哺乳动物中种数和个体数都居第一位的一个

小白鼠

目,但是它却处在一种难以理解的孤立状态,和哺乳动物中的其他类群联系不起来,虽然它的祖先应当也和食虫类基干有关系。

第七,哺乳动物中另一个孤立的目是贫齿目,包括食蚁兽、犰狳等。这些南美哺乳动物的祖先似乎是北美第三纪早期的古贫齿类,而古贫齿类的起源却不清楚,也可能是从原始有胎盘类基干进化来的。另外在旧大陆的鳞甲目,包括各种穿山甲,也是一个孤立的目,化石史很不清楚。新旧大陆的这两个孤立的目可以作为一个类群。

第八,还有一些哺乳动物的目,虽然它们的外形和适应上很不相同,但是根据它们的形态构造,还是可以把它们联系起来的,作为一大类群。它们是:长鼻目,包括各种象;海牛目,是一类水生食草动物;索齿目,是已经灭绝的一类水生食草动物;蹄兔目,包括非洲和小亚细亚的蹄兔;重脚目,是已经灭绝的一类大的有蹄动物,发现在埃及的渐新统地层里。

食蚁兽

翼手类和皮翼类

翼手类也叫蝙蝠类,包括大蝙蝠和小蝙蝠两个亚目。大蝙蝠一般生活在旧大陆的热带地区,以果实作为食物,只在欧洲的渐新统和中新统地层里找到过一些化石。小蝙蝠主要靠吃昆虫生活，在欧洲和北美洲的始新统地层里发现过带有发育很好的翅膀的化石。

蝙蝠的原始种类的牙齿构造非常像食虫类，如果没有同时找到它能飞翔的前肢和其他骨骼，要分辨出是食虫类还是蝙蝠类都不容易，所以蝙蝠肯定是从食虫类起源的。从始新世的化石看，那时的蝙蝠已经长得和现在一样了。虽然没有发现过蝙蝠和食虫类之间的过渡类型的化石，但是我们可以合理地推测，大概早在古新世，蝙蝠就从一类树栖的食虫类中发展出来了。它可能和爬行动物中的翼龙相似，从树栖生活的滑翔中逐渐发展，使前肢指骨（除大拇指外）伸长，和体侧、后肢、尾部一起，由皮膜发展成了巨大的翼，同时胸骨上发展出和鸟类一样的龙骨突，附生着强大的胸肌。

皮翼类是食虫类的另一支后裔，是具有食虫目、翼手目和灵长目的混合特征的一类哺乳动物，分布在马来西亚、菲律宾和印度尼西亚等地，现存的只有猫猴和菲律宾猫猴两种。

猫猴体大如猫，外形很像属于灵长类的狐猴；身体两侧，从颈部起经前后肢到尾端，具有宽而被毛的飞膜（也叫翼膜），能借飞膜作长距离滑翔。所以又叫

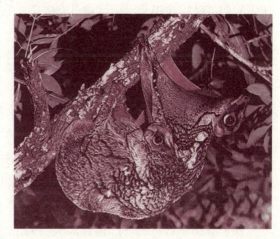

猫　猴

飞狐猴或飞猴，也叫鼯猴。猫猴的牙齿形状和食虫类相似，但是上、下门齿扁平。猫猴营树栖生活，以树叶和果实作为食物。

食肉哺乳动物的进化史

从原始食虫类祖先兴起的早期有胎盘类哺乳动物，沿着不同的辐射方向发展，其中有些种类从食虫发展到以其他脊椎动物作为食物，特化成为食肉哺乳动物。

从食虫到食肉，从身体内部的消化系统来说，还不需要高度的特化，因为

它们的食物来源同是动物，依靠现成的动物蛋白质生活。但是它需要有捕杀其他动物的能力。它所依靠的食物来源很不固定，而且经常改变，因此在食肉动物中，无论是种和种之间还是个体和个体之间，一直开展着激烈的斗争。

作为食肉哺乳动物的特征，是常常具有可以咬住东西的强大门齿，大而呈匕首状的可以用来刺戳的犬齿，犬齿在大多数食肉动物中是用来杀死猎获物的主要武器。它们的颊齿常常变成片状，咬合起来就像剪刀，可以把肉切割成小片，便于吞咽和消化。食肉动物的这类切齿就叫做裂齿。同时食肉动物都具有坚强的上下颌，在头骨上具有强棱和颧弓，以便附着强大的颌肌。

食肉动物因为要捕杀其他动物，需要在精神上有高度的注意力，有发达的嗅觉和尖锐的眼光；需要有强壮的身体和四肢，能够作敏捷、柔软而有力的动作。它们的趾很少退化，趾端常具有尖爪。它们常是短跑健将，或者是熟练的攀爬能手。

食肉哺乳动物有很好的化石记录。它们分别归在两个目里：一个叫古食肉目，一个叫食肉目。

古食肉目和食肉目虽然同是食肉哺乳动物，但是它们的进化历史并不相同。它们类似的只在于它们的食肉习性，这是由适应相似所产生的结果。

古食肉目出现于晚白垩世，到第三纪早期达到了进化发展的极盛时期。它们在追击捕杀其他动物的形态适应上还是相当原始的，因为它们的猎取对象食草动物在当时也是相对笨拙和迟钝的。

从现有的化石材料看，古食肉类（目）主要可以分做三角齿兽类和鬣齿兽类两类（亚目）。三角齿兽类包括三角齿兽和倍齿兽，鬣齿兽类包括鬣齿兽和牛鬣兽。早期的古食肉类也多是一些小型的哺乳动物，但是也有发展到身体大而强壮的，如始新世的牛鬣兽和渐新世的鬣齿兽。

古食肉类的头骨低，脑颅小；臼齿基本上是三尖齿型，但是常特化成适应于切割用的片状；骨骼一般化，四肢短而粗，尾长，趾端有尖爪。

大约到始新世和渐新世之间，随着进步的食草哺乳动物的出现，古食肉类处在不利的地位，逐渐被更加高度特化、更加善于捕杀食草动物、更加聪明的食肉类所代替。只有少数古食肉类残留到第三纪晚期，经渐新世、中新世到上新世早期才灭绝。

现代的食肉类并不是前面所说的那两类古食肉类的后裔，而是起源于古新世的另一类古代食肉哺乳动物，叫古猫兽类。我们把它归在食肉目而不归在古食肉目里。

古猫兽类也有某些原始特征，是像伶鼬（也叫银鼠）一般大小的动物，头骨低，身体长，四肢短，尾巴长。但是它有一些很重要的进步性质，主要是脑子比当时其他古食肉动物大而且发达得多，而且臼齿已经具有现代食肉动物的特征。古猫兽类居住在森林里，靠吃丛林里或树上的小动物生活。

银 鼠

古猫兽类从古新世出现，经历了始新世，它本身到始新世末灭绝。但是在灭绝之前，从古猫兽类已经分化出来了一些新的食肉动物，这就是现代的食肉类哺乳动物。

犬 齿

哺乳类或与哺乳类相似的动物，上下颚门齿及臼齿之间尖锐的牙齿。

哺乳动物的牙齿是有分化的，科学家们根据它们不同的形态和功能分别称之为门齿、犬齿和颊齿（包括前臼齿和臼齿）。犬齿位于门齿和臼齿之间，为圆锥状的尖齿。肉食性动物的犬齿非常发达，而草食性动物有的则没有这种牙齿。主要用途为撕裂食物，也就是我们说的犬牙、虎牙等。

食肉动物牙齿尖利，适于撕裂皮肉、压碎骨骼，犬齿尤为发达，是制敌与刺杀猎物的有力武器。

延伸阅读

袋鼠

袋鼠是食草动物，吃多种植物，有的还吃真菌类。它们大多在夜间活动，但也有些在清晨或傍晚活动。不同种类的袋鼠在各种不同的自然环境中生活。比如，波多罗伊德袋鼠会给自己做巢，而树袋鼠则生活在树丛中。大种袋鼠喜欢以树、洞穴和岩石裂缝作为遮蔽物。

所有袋鼠，不管体积多大，有一个共同点：长着长脚的后腿强健而有力。袋鼠以跳代跑，最高可跳到4米，最远可跳至13米，可以说是跳得最高最远的哺乳动物。大多数袋鼠在地面生活，从它们强健的后腿跳越的方式很容易便能将其与其他动物区分开来。袋鼠在跳跃过程中用尾巴进行平衡，当它们缓慢走动时，尾巴则可作为第五条腿。袋鼠的尾巴又粗又长，长满肌肉。它既能在休息时支撑袋鼠的身体，又能在跳跃时帮助袋鼠跳得更快更远。

所有雌性袋鼠都长有前开的育儿袋，但雄性没有，育儿袋里有四个乳头。"幼息"或小袋鼠就在育儿袋里被抚养长大，直到它们能在外部世界生存。

现代食肉类哺乳动物

在现代的动物分类学上，根据食肉类的各种不同的解剖上的细节，它们被区分成两大类：犬形类和猫形类。再加上另外一类已经从陆生转移到海里、四肢已经由所谓裂脚变成鳍脚的鳍脚类，包括海狮、海豹、海象等。所以现代的食肉类哺乳动物一共有三大支系。

犬形类

早期的犬形类可能也是森林的居住者，以丛林中的小动物为食。始新世晚期的指狗和渐新世的拟指狗（一般称作黄昏犬）属于早期的犬类，它们保留着很多古猫兽祖先的性质，但它具有在犬类进化中的某些发展特征：四肢和脚有些伸长，裂齿比古猫兽类更高度特化为切割的片，脑颅也扩展了。

犬类从渐新世小的黄昏犬，进化到中新世的新鲁狼，又到上新世的汤氏熊，最后到更新世和现代的狗。现代狗类的分化在狗的历史上达到了全盛时期，有北半球的野狗、狼、狐和大耳小狐以及南美洲和非洲的各种高度特化了的狗类。

狗

浣　熊

熊类在中新世从某些狗类发展而来。

渐新世，浣熊类从狗类分化出来。

在第三纪中、晚期，熊猫在欧亚大陆上出现。

鼬类与其他犬形动物的关系较远，从渐新世初期它们起源时起，便成为一个独立的系统演化分支。

猫形类

猫形食肉类中最原始的是一些旧大陆的灵猫类，它们是进步古猫兽改进了的小型后代，从始新世晚期一直生存到现代。现在生活在地中海区域的麝猫很接近于灵猫类的主干。这是一种生活在森林中的小动物，有长的身体和很长的尾。四肢较短，脚上有能伸展到某种程度的爪。头骨长而低，狭窄；裂齿尖锐，形成有效的切割片；臼齿为原始的三楔式，最后的臼齿缺失。毛皮点状，可能这是一直保留下来的原始色彩类型。具特殊味道的腺体，可以驱走攻击者，这是现代灵猫的一种特殊适应。

麝 猫

灵猫最早出现于始新世和渐新世地层中，以古香鼬和渐新鼬这些属为代表。从欧亚大陆中新世和上新世地层中发现少数的属，表明灵猫在第三纪大部分时间内仍保持为很原始的食肉类。从渐新鼬经过第三纪中期到晚期的蒙古的通古尔鼬，一直到不怎么特化的现代鼬，其在演化上进步不大。在中新世的时候，有一进化支从灵猫主干上分出来，沿着体型增大的方向发展，特别是发展出一个沉重的头和非常粗壮的牙齿，这就是鬣狗分支。

猫科中的最早成员从灵猫祖先分化出来的时间是始新世晚期，晚始新世的原小熊猫可以代表猫类进化的早期阶段。到渐新世早期，猫

小熊猫

类已经高度进步了,现代猫类的身体结构形式与渐新世早期的猫非常一致。

鳍脚类

鳍脚类——海狮、海象和海豹——在地质记录里一直到中新世才出现,但很可能它们是在地史上较早时期兴起的,或许是在始新世晚期或渐新世早期。因为在中新世以前没有发现过任何化石,因此不可能准确说出鳍脚类的真正祖先,然而这些食肉动物或许起源于进步的古猫兽类,或者更可能起源于早期的狗形裂脚类。现今的证据似乎说明:鳍脚类不是一个自然的类群,而是代表着两条,或许三条从狗形类起源的分离的进化路线。

海 狮

在从陆生到水生的过渡中,鳍脚类的身体变成适于游泳的流线型。然而它们在这方面的适应从来没有达到鱼龙或鲸鱼那样完善。鳍脚类仍然保留了可伸缩的颈,而且从未发育出背鳍或推进用的尾鳍。在鳍脚类的祖先中,尾巴已经退化得完全不利于再转化为推进器了,因此,鳍脚类必须依靠其四肢变成桨,同时趾间有蹼。前桨用以平衡和掌舵,同时也作推进冲击作用。后桨向后,当这些动物在水中的时候,起着一种尾鳍的作用。海狮和海象的后鳍足可以随意向前或向后,借以在陆上辅助行动;海豹的后鳍足永远只能向后,所以当海豹在陆上或

海 象

冰块上时，必须用腹部作弯曲动作才能使身体移动。

所有鳍脚类的牙齿都大大地改变了。门齿通常退化或缺失，大多数鳍脚类的前臼齿和臼齿再度简化为尖的锥形齿，彼此都很相似。这类型的牙齿适于捕鱼。海象有大的犬齿，颊齿数目减少，增宽成压碎用的臼，用来压碎它们所吃的食物和贝壳。海狮有小的外耳；在其他鳍脚类中，外耳壳完全消失。

海狮化石发现于太平洋沿岸，看来这个区域便是这类食肉动物的发源地。海象发现于太平洋和大西洋。海豹则分布很广。

返回海洋的食肉哺乳动物——鲸类

鳍脚类是不彻底地返回到海生的一类食肉哺乳动物，而鲸类却是彻底地返回海洋的一类食肉哺乳动物。

蓝　鲸

鲸类在化石记录中，是在第三纪早期突然出现的。它们究竟起源于哪种有胎盘类祖先，已经很难查考了。大概它们从祖先有胎盘类分化出来回到海洋以后，一开始就产生了许多很快的演变，最迟到中新世就已经完全适应海洋生活了。

鲸类返回到海洋，开始适应辽阔的海洋生活，经历了和爬行动物中的鱼龙相类似的变化。这表现在身体的流线型化，皮肤形成滑溜的表面，并且能分泌黏液；发展出一个水平的尾鳍作为主要的推进器，一个肉质的背鳍作为平衡器；前肢变成起划桨作用的桨鳍，后肢退化。鲸类和鱼龙实际上都多少模仿了鱼类。这三类动物有完全不同的起源，却有非常相似的适应，这是趋同进化的很好的例子。

但是鲸类仍然保留着从陆生祖先遗传来的用肺呼吸。它用一种特殊的适应来进行呼吸。它把外鼻孔的位置移到了头顶上，边缘有强有力的膜瓣可以启闭。潜水的时候把膜瓣紧闭。升到海面的时候，膜瓣就开启，把肺里带有水汽的二氧化碳气喷出水面，大量水汽凝成水珠，远远望去好像喷泉一样。它的肺有很大的伸缩性和容量，可以在水面吸入大量的空气。

鲸类还保留着胎生的生殖方式，但是幼仔一出生就有一种特殊的适应，能在水里生存。

鲸类仍是温血动物，前面说过，它在皮肤下面发育了厚层脂肪，代替陆生哺乳动物的毛发覆盖起着保温的作用。

早期鲸类化石大量发现在非洲的始新统中部地层里，在美洲和欧洲也有发现，统称古鲸类。由于摆脱了重力的限制作用，早期的鲸类就很大，如始新世晚期的古蜥鲸（也叫轭齿鲸）就有 18 米长。古鲸类的鼻孔还不在头顶而在前方。它的头骨类型也比后期鲸类稍为原始，看上去好像和古食肉类相近。但是这并不足以证明它是从古食肉类起源的。

始新世晚期或渐新世，就出现了现代鲸类。从古鲸类的主干上发展出两个分支：一个分支有牙齿，叫齿鲸类；另一个分支没有牙齿而有鲸须，叫须鲸类。

现代的鲸类多是齿鲸，这一类在早期就有向大型发展的趋向，以抹香鲸达到了发展顶峰。须鲸数量比齿鲸少，但是它们的个体是古今动物界中最大的。它们以浮游生物

须 鲸

作为食物，可能由于食物供应丰富，才使这种动物有向巨大体型发展的强烈趋向。

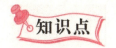

浣 熊

浣熊原产自北美洲，因其进食前要将食物在水中浣洗，故名浣熊。浣熊

种类繁多，包括小熊猫也属于浣熊科。浣熊的显著特点是它茂密、带有斑纹的尾巴和黑色的面孔，喜欢居住在池塘和小溪旁树木繁茂的地方，主要靠触觉感知周围的世界。浣熊为杂食动物，食物有浆果、昆虫、鸟卵和其他小动物。浣熊的交配季节为1或2月，在4或5月产下幼仔，一胎4～5仔。浣熊并不冬眠，但在严寒的冬季会藏匿起来。浣熊一般只能生活几年，野生的已知最长寿命为12年。

延伸阅读

蓝鲸（学名 Balaenoptera musculus）是一种海洋哺乳动物，属于须鲸亚目。蓝鲸被认为是地球上曾经生存过的体型最大的动物，体长可达33米，重达160吨。

20世纪初，在世界上几乎每一个海域中，蓝鲸的数量是相当多的。在超过40年后，捕鲸者的猎杀使它们几乎灭绝。直到国际社会在1966年开始保护蓝鲸后，蓝鲸的数量才逐渐上升。一份2002年报告估计目前世界上蓝鲸的数量在5000～1.2万只之间，并分布在至少5个族群中。最近对于侏儒蓝鲸的研究显示这个数字可能是低估了实际的数量。在捕鲸活动开始前，蓝鲸最大的族群是在南极海域，估计大约有23.9万只。目前在东北太平洋、南极海与印度洋的数量已经比以前要减少非常多（大约各只有2000只）。在北大西洋则有两个更大的集团，在南半球至少也有两个集团。

有蹄类动物

有蹄类是那些以植物为食并长有蹄子的哺乳动物的泛称。其最显著的特征是适应咀嚼和研磨植物的牙齿，能将大量植物转化为滋养物的消化道以及在硬地上奔跑的四肢和脚。此外，很多有蹄类在头上有角作为保护武器，也有些牙齿变作斗争或自卫之用。

通常，这类哺乳动物有紧排在一起的门齿，咬合在一起的时候在头前端形成一个稍许弯曲的弧线，它们有嚼咬或剪切的功能，以便将树叶或草收集入口。一般说来，犬齿在这类动物中缺失，如果存在，也失掉犬齿的形状和功用。有些有蹄类的犬齿和门齿联在一起，以增加剪切的功能。颊齿动作起来像磨臼一样。臼齿的冠面常常是方形或长方形的，这是由于在臼齿附近的其他齿尖的强烈发展所致，以及下前尖的消失和齿座的形成，因此上臼齿在高度和面积上和下臼齿的三角座相等。原来尖锐的齿尖变为复杂的珐琅质褶皱中的钝尖、隆起或嵴。这些变化增加了齿冠的面积。很多有蹄类吃硬草，其颊齿齿冠的高度增加，这就是所谓的高冠齿的发展。随着臼齿冠面的增大和齿高的增加，研磨植物的牙齿总面积大大地增加了。许多有蹄类的前臼齿呈现出"臼齿化"，即前臼齿增大和复杂化的过程，因此通常小的前臼齿变得和臼齿一样大，这样更增加了研磨的总面积。

有蹄类中最通常的自卫方式是飞快的奔跑。所以有蹄哺乳动物的四肢有显著增长的趋势。

有蹄类通常用趾尖行走，这种行走方式被称为趾行式。这种类型的脚，腕部和踝部远离地面，趾上常有蹄，以保护脚并减少在硬地上奔跑时的震动。

在很多进步的有蹄类中，行走和奔跑的大部分功能由中趾担负，因此旁趾有强烈退化的趋向。但是在某些有蹄类中，特别是大而笨重的类型，脚仍然是短而宽的，趾很少或没有退化，以作为支持巨大重量的宽阔基础。某些有蹄类变为半水生或水生，脚和四肢也随之变化。

最原始的有蹄类——踝节类

有蹄类中最原始的一类是踝节类，出现在古新世早期。可能离它们的食虫类祖先还不远，因为它们很小，而且有比较原始的牙齿和有爪的脚。

踝节类在古新世和始新世向着各种不同的方向辐射，有的牙齿有明显的进步。其中了解得最完全的是生活在古新世晚期和始新世早期的原蹄兽。这是生活在古新世后期和始新世早期的中等大小的动物，头骨长而低，尾巴很长，四肢比较短而笨重，脚短，所有的趾都存在。犬齿较大，但是颊齿形成了几乎连续的系列，臼齿方冠，上臼齿有很发育的齿尖，下臼齿上有一高的齿尖。锁骨消失，趾的末端有蹄而不是爪。显然这是一种生活在森林或热带平原上的植食性动物，大概还不善于奔跑。

有蹄类的进化历史显示出两个发展阶段。古新世到始新世是早期阶段，原始有蹄类大大地分化。而后在始新世开始衰退，虽然它们中有少数仍继续生存到渐新世。后期阶段现代有蹄类兴起了，从始新世初期一直不断分化和不断复杂化地发展着。在南美洲长期生存着从原始有蹄类起源的奇异的有蹄类，它们不同于其他大陆上的任何有蹄的哺乳动物，它们一直生活到第三纪末南美洲与北美洲重新联合时为止，当北方的哺乳动物侵入以后，它们就很快地消失了。

踝节类出现于古新世早期，有两个科：熊犬科和中兽科。

熊犬类是最早和最原始的踝节类。头长而低，所有牙齿都中存，臼齿仍大都保留原始的三楔式，背部容易弯曲，四肢相对短，脚有爪，尾很长。古新世中期和晚期的三心兽以及从古新世开始直到末期的古中兽为其代表。某些熊犬类在古新世发展成大的哺乳动物，如净齿兽和熊犬，大如小熊，笨拙，有比较钝的牙齿，可能多少有点对杂食性的适应。

从古新世某些熊犬类发展出第二类原始踝节类，即在始新世盛极一时的中兽类。这些动物有强烈向大体型发展的趋势，牙齿的特点是具有钝的齿尖和压碎用的颊齿。脚上有扁平的指甲，而不像其更原始祖先那样具有爪。中兽类里的最后一属，即蒙古始新世的安氏兽是庞然大物，头骨有1米多长。较特化的踝节类在古新世和始新世时向着各种不同的方向辐射。有些如古新世晚期和始新世的古踝节兽牙齿有明显的进步，几乎变成月形齿，即齿尖为新月形而不是锥形；但是脚仍然是原始的。古新世的圈兽属身体大大增大，有些前臼齿有特殊的分化，变得很大。在中古新世和晚古新世出现了四尖兽，具有低冠然而是"方形"的颊齿，趾的末端有很宽的爪。这种类型可能是原蹄兽的直接祖先。

踝节类本身早已灭绝。但是现在非洲有一种哺乳动物，有小猪那么大，靠吃白蚁生活，叫做非洲食蚁兽；又因为它常在地下挖掘白蚁窝，很像猪的拱食，所以也叫土豚或土猪。这种动物属于管齿目，因为它的颊齿由齿质的管组成。这种动物的化石最早不超过中新世后半期。过去认为它和贫齿目的食蚁兽有关，但是后来研究了这种土豚的骨骼，却发现和古代的踝节类非常相似。所以有人认为它可能起源于踝节类祖先,是一种保存到现在的特化了的踝节类,只是它的头和脚已经高度改变,以适应非常专门的食性和掘地生活罢了。

从踝节类分化出来的早期后裔中,有几个分支向着增大体型的方向发展。这种早期大有蹄类中有一类叫做钝脚类,属于钝脚目,包括两个亚目:全齿亚目和恐角亚目,后者常常被称为尤因兽类。这两亚目的种属都不甚丰富,但却是组成古新世和始新世哺乳动物群的重要分子。

非洲食蚁兽

古新世的全棱兽是最早的大有蹄类之一,是像绵羊大小的全齿类。头骨较长而低,犬齿大,上臼齿三角形,具有月形齿尖。四肢较笨重,脚较短,所有的趾都存在,其末端有小的蹄。全齿类向大体型方向的进化,在古新世晚期发展得很快,如笨脚兽站立时离地1.2米以上,其全部骨骼特别沉重,使人感到它是一种十分迟钝又十分有力的动物,对于早期的古食肉类来说,这是一种非常难以捕捉和杀死的野兽。尽管有这么大的身体,笨脚兽却只有一个比较小的头骨和原始的有蹄类齿型。

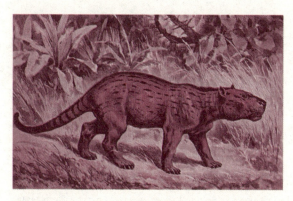

全棱兽

早始新世的冠齿兽是一种和貘差不多大小的动物,有一副笨重的骨架,有强壮的四肢和宽阔的脚。四肢上部分比下部分和脚长一些,能够有力地支持住笨重的身体但不适于迅速的奔跑。尾巴短,这是有蹄类哺乳动物的共同特点。头骨很大,颌上武装着长的剑形犬齿。臼齿的冠面上有两个显著

冠齿兽

的横脊，说明冠齿兽是一类进步的食嫩叶者。

全齿类一直生存到始新世，在亚洲至少残存到渐新世，以后便趋于灭绝。

与它平行演化的是恐角类或尤因兽类，这可能是所有早期哺乳动物中之最大者。恐角兽和原恐角兽从古新世出现，骨骼粗大，四肢笨重，四肢上部分长，下部分和脚短。脚宽阔。恐角兽有一个低的头骨，每一边上均有一个非常长的犬齿。下颌前端有很深的折曲，在口闭合时可以保护剑状犬齿。这一条进化线上发展到顶点的是晚始新世的尤因兽属，一类像大犀牛那么大的动物，有长的头骨，在其顶端奇怪地长着6个角：2个小的在鼻上，2个在犬齿上方，2个在头的背部；上犬齿很大，臼齿齿冠上有横的棱。始新世晚期的大尤因兽是最后的恐角类，到了渐新世，这些第三纪早期的奇怪的巨物便灭绝了。

在第三纪，由于南北美洲之间的地峡中断，两地一度隔绝。在古新世两地分离之前到达南美洲的原始踝节类，独立而和其他地方的有蹄类平行地发展出一系列的南美有蹄类。南美有蹄类一共有五个目：南方有蹄目、滑距骨目、闪兽目、焦兽目、异蹄目。

从化石记录看，南方有蹄目所包含的属的总数相当于其余四个目的总和的两倍。早期的南方有蹄类是一些小型的原始有蹄动物，有三角形的上臼齿，它的特征是上面有两条斜脊，下臼齿也同样有脊。典型的如始新世早期的南柱兽，它和古新世晚期生活在蒙古的古柱兽和始新世早期生活在北美洲的北柱兽十分相似。这可能表示这类动物是从亚洲通过白令海峡（陆桥）到达北美洲再进入南美洲的。

中国新疆、内蒙古等地的古新统和始新统地层里也有许多南方有蹄类化石，可以推断南方有蹄类从亚洲起源通过北美洲进入南美洲继续发展的可能性是很大的。古南方有蹄类以后向几个方向发展，有体型增大的一般趋势，到第三纪晚期达到了顶点,有些发展到和现代犀牛一般大小。牙齿演化上从有脊的臼齿发展成了高冠齿,适合于吃硬草和其他植物,从门齿到臼齿成为连续的一排,大小比较一致,犬齿失掉了原始的形状。大多数南方有蹄类趾端有蹄,少数的脚上有爪。

南方有蹄类在始新世晚期、渐新世和中新世非常繁盛,一直延续到更新世,可以箭齿兽类作为代表。早期的箭齿兽类如始新世早期的始南兽,只有现代的羊那样大小;发展到渐新世的小弓兽,就和现代的马差不多大小;到中新世的仙齿兽,以至到更新世的箭齿兽,站立的时候高 1.5~2 米。它们都是一些笨重的植食性动物。

南方有蹄类中也有一些小型的,如型兽类和黑格兽类,很像现代的兔子和老鼠。它们也在第三纪中期极其繁盛而且非常多样,其中有些延续到更新世。

箭齿兽

滑距骨类虽然不如南方有蹄类那样繁盛和多样,但是也是南美有蹄类中重要的一个类群。它从古新世出现,一直延续到更新世。它和南方有蹄类不同,没有在其他地方发现过类似的化石,说明它作为早期踝节类的后裔完全是在南美洲起源的。但是它们的发展却和北方有蹄类之间有紧密的平行关系。它从古新世开始,就沿着两条分明的适应辐射线发展:一支以原马形兽作为代表;一支以后弓兽作为代表。原马形兽是南美有蹄类中的"马",虽然没有长得很大,但是和北方的马十分相似,也善于奔跑。后弓兽可以和北方的骆驼相比,它的颈和四肢很长,不过骨骼轻巧,体背直。它有一个短而能伸缩的鼻子,鼻孔退到面部的极后方,有些甚至退到了头顶,这和北方的貘相似。原马形兽在上新世灭绝,后弓兽一直生存到更新世。

闪兽类出现于始新世,它继续生存到中新世。它早期就有发展到巨大体型的趋势，渐新世和中新世的闪兽类站立的时候肩高就有1.5米以上，是一类笨重的哺乳动物。它的头骨和颌很特别，头骨前部大大缩短，鼻骨小而向后退；上门齿消失，上犬齿向下伸展，形如长而有力的短剑，下颌却很长，有发育很好的门齿和犬齿；前白齿很小，最后两个白齿增大，形成长而高冠的磨白。

焦齿兽只发现在南美洲第三系下部的地层里，很早就向大体型发展，有些像北方的象。但是这只是趋同进化的结果。它可能和北方的钝脚类有亲缘关系，但是现在一般把它看成是哺乳动物中完全独立的一个目。

异蹄类只有巴西等地古新统地层里发现一种大焦兽，化石材料很少，似乎和北方的钝脚目恐角亚目的尤因兽有点相似，可能和钝脚类有亲缘关系，但是是在南美洲的地理隔绝条件下独立而平行地发展起来的。

南美有蹄类中的闪兽类、焦兽类和异蹄类只生存在第三纪的早期和中期，在南美洲还处在地理隔绝的状况下就灭绝了。

南方有蹄类和滑距骨类的进化历史比较长，但是到上新世末，南北美洲之间的地峡升起，它们遭受从北方来的食肉类哺乳动物的侵袭和北方有蹄类的排挤，也终于在更新世完全灭绝了。

现代的有蹄类

在北美洲和旧大陆，在第三纪早期的大有蹄动物（主要是钝脚类）灭绝之后，接着兴起的就是现代的有蹄类。现代有蹄类包括两大类：一类叫奇蹄类，一类叫偶蹄类。这是根据它们脚上的趾数划分的。

奇蹄类可能也是踝节类的后裔。最早的奇蹄类出现在始新世，它的牙齿和脚的特征基本上确定了奇蹄类进化的方向，而它们的这些特征很容易追溯到某些

犀　牛

踝节类的牙齿和脚。从原始类型起，奇蹄类就向着三个方向发展：一个是马形类（马类），一个是角形类（包括犀牛类和貘类），一个是爪脚类（爪兽类）。

偶蹄类最早出现在始新世早期。在早期的偶蹄类中，有一些离某些原始踝节类还不远，如北美洲的古偶蹄兽。古偶蹄兽类是几乎所有后期偶蹄类的祖先。偶蹄类的进化辐射很复杂，很难对它们作出合理的分类。现存的偶蹄类一般分成九个科：猪科、西㺢科、河马科、骆驼科、鼷鹿科、鹿科、长颈鹿科、叉角羚羊科、牛科。

骆　驼

但是如果我们把已经灭绝的偶蹄类也包括进去，那么这九个科显然就很不够了。为此需要把它们再归并成几个大的类群。曾经提出过一些方案。一个方案是把偶蹄类分成不反刍类和反刍类，我们知道牛、羊、鹿、骆驼等是反刍动物，而猪、河马等是不反刍动物。进一步再把不反刍类分成三个亚目：一个是原始偶蹄类，叫古齿亚目；一个是猪亚目，包括猪、西㺢、河马等；一个叫弯齿亚目，这包括一些已经灭绝的偶蹄类。又把反刍类分成两个亚目：把骆驼独立出来作为一个亚目，叫骆驼亚目；另一个亚目仍叫反刍亚目，包括鹿、牛、羊等。

奇蹄类

奇蹄类就是那些至今仍生存着的有蹄类如马、斑马、驴和犀牛所属的大家族，它们的趾数常常为奇数，而且脚的中轴通过中趾。在所有的奇蹄类中，内趾，也就是前、后脚的大拇趾，已经消失了，后脚的第五趾也是这样。在大多数奇蹄类中，前脚的第五趾也已经消失，但在某些较原始的类型中，这一趾仍保留着。这样，奇蹄类的前脚和后脚常常有三个起作用的趾，或者在进步的马类中只剩下一个趾。

在奇蹄类的踝部，距骨有一个双重隆起的滑车形的面，与股骨相关接，远

马

端与踝部其他骨头相接处则为扁平的面。股骨在骨干的外侧有一显著的突起,称第三转节。

在奇蹄类中,上下门齿通常是完整的(但不是不变的),组成嚼咬植物的有效剪割器官。在门齿和颊齿之间通常有一齿缺,在这齿缺中,犬齿或有或无,如果犬齿存在的话,通常是与前面的门齿和后面的前臼齿相脱离。前臼齿的臼齿化在原始的奇蹄类中还没有发展得太远,但是在这一目的比较进步的成员中达到了完善的程度,即除第一个前臼齿外,所有其他前臼齿都完全成了臼齿型。这种发展大大地增加了牙齿的研磨面积,也就增加了牙齿研磨坚硬植物的效能。

始马(通常也称为始祖马),虽然被归为最早的原始的马,却也具有任何早期奇蹄类同样的原始性质,因此可作为这一目哺乳动物的共同原型。这是一种小动物,只有狐那么大。身体结构轻巧,有较弯曲的背、较短的尾和长而低的头骨。19

始祖马

对肋骨,其后约有5个没有肋骨的脊椎。肩部的脊椎刺比较长,供强大的背肌附着。四肢细长,脚也加长,腕部和踝离开地面抬起,趾骨几乎是垂直的。前脚有四趾,后脚有三趾。但所有的脚起作用的都是第3,每趾末端为小的蹄。

伸长的头骨有一个较小的脑颅,眼眶后不封闭,不像后期的马那样有骨质棒将眼孔和颞颥孔隔开。门齿小,有类似凿状的齿冠,有小的犬齿。颊齿为丘形齿，低的齿冠，上面有圆锥形的齿尖。前白齿尚未白齿化，最后两个上前白齿呈三角形。但上白齿为四方形，有四个大的齿尖：原尖、前尖、后尖和次尖。还有两个小的、中间的副尖：原小和后小尖，以两条低而斜的脊：原脊与后脊，和两内尖相联。下白齿下齿座和牙齿前部一样高；前内尖（下前尖）大大退化，两个前面的齿尖（下原尖和下后尖）和两个后面的齿尖（下次尖和下内尖）被横脊相连。

这些特征可能十分容易地追溯到某些踝节类的牙齿和脚（或许通过某些过渡性的"原奇蹄类"），特别是北美古新世的四尖兽属——原蹄兽的近亲。四尖兽上白齿呈方形，6个发育良好的、低的丘形齿尖组成齿冠面。这一图形稍经改变，就是在始新世的始马属中所看到的。经过一个简单的进化步骤，前面的中间尖和内尖连接起来，形成一条斜的脊或原脊，同样，后面的中间尖和内尖连接起来，形成一条斜的后脊，前后脊将两外尖连接起来，形成一条外脊，典型的原始奇蹄类白齿的图形便形成了。同样，在四尖兽这样的哺乳动物中，下白齿上的各个尖可能也转变成横的脊或下脊了，而这正是原始奇蹄类的特征，在始马的下白齿上已经隐约出现了。

在脚的构造上，四尖兽的腕骨有点圆，排列成连续的样式，上下各一排，髁骨中的距骨下关节面是圆的，使脚可以大大地弯曲。在始马中，腕骨交互排列，因此它们是互相结合的；距骨的下关节面比较平。因此始马的脚比较不易弯曲，也不易向侧方活动。而且，始马的脚比起踝节类的脚，趾骨大大延长了。

从四尖兽到始马的这些变化，指出了适应中的变换，食嫩枝叶的效力和在坚硬地面上奔跑的效力大大增加，使始马对吃食植物和对迅速逃避食肉类的进攻有了一套很好的装备。很可能，快速奔跑以对付侵略成性的食肉类的威胁，这种适应性是最早的奇蹄类取得成功的因素；而相反地，踝节类由于缺乏这样的适应性，使它们终于灭绝。始新世和渐新世之交，许多食肉裂脚类兴起而成为有效的猎食者，踝节类就灭亡了。而它们的适应能力很强的后代奇蹄类兴旺起来，走上了许多不同的进化路线。在第三纪中期达到了它们进化历史的顶点，成为世界上大部分地区内盛极一时的有蹄类，以后便开始衰退。

从原始类型起，奇蹄类向着三个明显的方向进化。其中之一即马形亚目，包括马类和已经灭绝的雷兽等；第二支为角形亚目，包括貘类和犀牛类；第三支为爪脚亚目，包括爪兽类及其祖先。

马形亚目——马类

在全部动物进化史中，没有比马类的进化史了解得更多的了。这是因为马类的化石记录非常完整。所以讲奇蹄类的进化历程，通常都用马类作为代表。

从始祖马开始，马类进化发展趋向，可以列出几个特点：

一是体型增大；

二是腿脚伸长，侧趾退化，中趾加强；

三是背部伸直、变硬；

四是门齿变宽，前臼齿变成臼齿，颊齿齿冠增高，齿冠形式进一步复杂化；

五是头骨前部和下颌加深，眼前的面部伸长，以适应高冠的颊齿；

六是颅脑增大而且复杂化。

一般说来，马类的进化一直是沿着一条直线方向前进的，所谓"直向进化"或"直生现象"。但是在第三纪中期和晚期，也曾经出现过一些旁支。

始新世早期的始马，到始新世中期发展成为山马，始新世晚期成为次马，渐新世早期成为渐新马，渐新世中期和晚期成为中新马。

中新马有羊那么大小；四脚都变成三趾，中趾比侧趾大得多；头骨还比较原始，脸部稍有伸长；颊齿也有进步，但是仍然是低冠的。它们仍然住在森林地带，吃树叶和嫩的植物。

进入中新世，马类分出了几个分支，有太古马，有安琪马，但是主干是草原古马。

草原古马已经有现代小马那么大；脚仍然有三趾，但是侧趾退化到很少起作用，中趾末端出现了圆形的蹄；脸部伸长变高，下颌也变高了；牙齿齿冠变高，出现了复杂的釉质褶皱，更适宜于磨碎硬的植物纤维和种子。草原古马在眼眶后面有一块眶后骨桥，把眼孔和颞孔分开，这是后期马类的典型特征。

到中新世末，从草原古马分出两支：一支叫三趾马，一支叫上新马。

三趾马具有进步的头骨和牙齿，但是仍然保留三趾。它们从北美洲起源，在上新世分布到亚洲和欧洲，成为上新世早期的一种典型哺乳动物。这类马生存到上新世末，少数进入到更新世才开始灭绝。

上新马是马类进化的主干，不但头骨、牙齿进步，脚也变成了单趾，侧趾退化得只剩下痕迹了。

到上新世末期，从上新马又演化出两支：一支是在南北美洲重新连接以后进入南美洲才发展起来的，叫南美马，在更新世的冰期中灭绝了。另一接是现代马。

现代马也是在北美洲起源的，更新世初期迁移到其他大陆，成了分布全世界的动物。但是在它起源的新大陆，反而在几千年前灭绝了。在旧大陆，它一直生存到现代，而且又分化出了许多种：马、斑马和驴。

斑　马

现代的马和驴已经驯化成为家畜，驯化时间可能在公元前3000年。有人认为最早是在亚洲中部的草原地区驯化的，也可能不止草原地区一处。

马形亚目——雷兽

雷兽是渐新世陆地上最大的动物，肩高2米多，体长4米，躯体笨重，四肢粗短。它有自卫武器，是头上的一只大角，高耸在鼻梁之上，基部比较窄，顶端分叉，是由额鼻部骨质膨大发展而成的，表面覆有粗糙的角质层。

但是这种巨兽的祖先也只有始祖马那样大小，叫小古雷兽，出现在始新世早期，身体轻巧灵活，善于奔跑。

雷兽类的进化趋向一是体型变大，一是头骨发展出大的角。到始新世晚期，它已经进化到现代驴子大小。到渐新世，就迅速发展成为巨型动物。但是

雷 兽

它的牙齿和脚仍然比较原始，特别由于牙齿仍然保持原始的低冠齿，只能吃第三纪比较丰富的嫩枝和树叶，到第四纪出现了大片草原，它的牙齿不适应吃硬草食料，保证不了它的巨大身躯的需要。再加上它的脑比较原始，所以雷兽很快就灭绝了。

我国内蒙古乌兰察布大草原曾经找到过三四十种雷兽化石，主要属于王雷兽类。

角形亚目——犀牛

犀牛近年来被大量残杀，留存下来的数量都不多了。但是在第三纪，犀牛曾经盛极一时，并且种类繁多，属于相互平行发展的几个分支。

最早的犀牛出现在始新世中期，也显示出主干奇蹄类的原始特征。发展到渐新世，是犀牛的黄金时代。

古代平行发展的各个犀牛分支，主要有：

跑犀：在北美洲发现的生活在渐新世的一种犀牛，身体比较小，结构灵巧，细长的腿适宜于迅速奔跑，和现代犀牛大不一样。它的头骨低，门齿整齐，犬齿小，白齿上有发达的横脊，是对食草的适应。它到中新世就全部灭绝了。

两栖犀：兴起于始新世晚期，一开始就是大而笨重的动物，有强壮的四肢和宽短的脚，生活习性是爱水的。它的头骨沉重，门齿和前白齿退化，犬齿发达好像一对短剑，大概是御敌的武器，白齿是切割型的。渐新世它从北美洲分布到欧亚大陆，但是到渐新世末趋向灭绝，在亚洲残留到中新世。

巨犀：一类生活在第三纪中期欧亚大陆上的犀牛，是已知的最大的陆生哺乳动物中的一种，肩高可以达到 5 米，身长七八米，头上没有角，靠吃树叶和嫩芽生活。我国始新统地层里曾经发现过最早的比较原始类型的巨犀化石。

到了更新世，有两类比较特化的犀牛：

板齿犀：这是一批生活在更新世欧亚大陆上的高度特化的巨大犀牛，它有单一的大角长在额上，而不是像现代单角犀那样长在鼻上，颊齿齿冠很高，上面有复杂的釉质褶皱，适应于草原生活。

披毛犀：这是一批生活在更新世欧亚和北非的犀牛，身上披有长毛，头上有前后排列的双角。它们是第四纪冰期的巨大动物，曾经和旧石器时代的人类共同生活过。

披毛犀

双角犀

现代的犀牛出现于中新世晚期，它们在更新世其他各种犀牛先后灭绝之后，一直残留到今天，不过却是正在走向灭绝的动物，现存的有五种：印度犀，分布于印度、尼泊尔、不丹；爪哇犀，分布于马来西亚、缅甸、印度尼西亚等地；苏门答腊犀，分布于苏门答腊、加里曼丹等地；非洲犀（黑犀），分布于非洲；白犀，分布于非洲南部。前两种是单角犀，后三种是双角犀。

角形亚目——貘

貘和犀牛同属角形亚目，原始的貘和原始的犀牛关系密切，不好分辨。如

貘

蹄貘以前认为是一种原始的犀牛，现在认为是一种原始的貘。

原始的貘类出现于始新世，以后发展出比较复杂的几个平行分支。

早期的貘类大多数是小型的，具有一般原始奇蹄类的特征。渐新世出现了原貘。到中新世的中新貘，已经和现代的貘一样了。现代的貘出现于上新世，一直生存到现在。更新世出现过一种巨貘，个体极大，形状和现代的貘一模一样，已经灭绝。

貘的特点在于它鼻骨后缩，有一个能够伸缩的鼻子，虽然没有象的鼻子那么长，但是也能够缠绕植物茎秆和其他的东西。貘的身体笨重，背脊弯曲，四肢肥短，牙齿适合于吃嫩枝嫩叶。

现代的貘只分布在中、南美洲和马来西亚、苏门答腊、泰国等东南亚地区。在中、南美洲的叫美洲貘，在东南亚地区的叫马来貘。但是在更新世，貘类曾经广泛分布在北美洲和欧亚大陆。更新世结束的时候，除了前面所说的有限区域，其余各地的貘都先后灭绝了。

爪脚亚目——爪兽

爪兽类可能和雷兽类有亲缘关系。它是奇蹄类中唯一的脚上没有蹄而有大爪的动物，可能由于它不爱奔跑，常生活在河边，靠树上的嫩叶和挖出的植物的嫩的根茎维持生活，爪对它挖掘植物根是有用的。

爪兽是从始新世晚期也像始祖马一般大小的祖先进化而来的。它也跟一般奇蹄类一样，向体型增大的方向发展，到中新世，就有现代大马那么大，如北美洲的石爪兽和欧亚大陆的巨爪兽。晚期的爪兽外形很像马，但是它的牙齿和雷兽相似，齿冠低，只适宜于吃嫩叶鲜草。

爪兽类一直生存到更新世，在冰期到来的时候才灭绝了。

总体来说，奇蹄类从始新世兴起，在第三纪中期达到了它们的极盛时期，成为世界上大部分地区占优势的有蹄类。但是，在这以后，奇蹄类就开始衰退。现在虽然仍然是一种重要的有蹄类，主要只有被人驯化的马类（包括马、驴等）比较繁盛，犀牛和貘已经趋向灭亡，其余的都已经灭绝。

驴

现代有蹄类中占优势的，是另一分支偶蹄类。

偶蹄类

偶蹄类趾的基本排列方式是在每一脚上一般都有两个或四个脚趾，脚的中轴在第三和第四趾之间。第一趾几乎从不存在。踝部的距骨从最原始类群开始就有两个滑车，一个向上与胫骨相接，一个向下与踝部其他骨头相接，这与只有一个滑车的奇蹄类距骨很不一样。这种有两个滑车的距骨使后肢有可能进行很大程度的弯曲和伸展；因此，偶蹄类通常有非凡的跳跃能力。偶蹄类股骨干上没有第三转节。在较进步的偶蹄类中，桡骨和尺骨可能愈合为一，腓骨可能退化成一薄片，连在胫骨上。第三和第四趾的长骨（或掌骨、腓骨）也常常愈合为一，被称为"炮骨"。

偶蹄类通常也有一个壮大的体腔，以容纳复杂的消化道和大的肺。背部强壮，大多数都有强壮的背肌，与后腿的肌肉一起活动，使腿部有推进力。原始偶蹄类有完整的齿列，但在进化过程中，上门齿有消失的强烈趋向。在很多偶蹄类中门齿全部消失，代之以角质的垫，下门齿咬合其上，形成一个非常有效的剪割工具。这些偶蹄类的下犬齿常常变成门齿的形状，而且与门齿一起成为一齿列，因此下面一共有八个剪切齿。在另一些偶蹄类中，犬齿大而成短剑形，用以争斗或自卫，也有很多偶蹄类犬齿不同程度地退化消失。

颊齿与前面的牙齿之间通常有一齿缺，前臼齿很少臼齿化。原始偶蹄类的颊齿为丘形齿和低冠，很多进步类型的颊齿成为月形齿，有脊形的齿尖，而且是高冠的。除最原始的以外，所有偶蹄类的上臼齿有方形的齿冠，但不是像奇蹄类那样后内尖由次尖形成，而是常常由一个增大了的后小尖（通常位于后尖和次尖之间的齿尖）形成。进步的有这种牙齿构造的偶蹄类没有次尖。

头骨在比例和适应方面有各种改变，这与牙齿的特化及在某些类群中角的发展有关。在进步类型中，脸部一般长而高，头骨背部的骨头常常压缩，在有角的偶蹄类中尤其如此。

猪

现代大多数有蹄动物都是偶蹄类，如猪、牛、羊、鹿、骆驼等。偶蹄类中的许多成员和人类生活有密切关系。

除了现存的偶蹄类，有许多早期的偶蹄类已经灭绝。由于偶蹄类基本上是辐射进化的，不少种类是平行发展起来的，亲缘关系不很清楚，给分类带来了困难。我们前面提过，大体上可以把偶蹄目分做五个亚目，其中有两个亚目——古齿亚目和弯齿亚目都已经灭绝，猪亚目中也有一类叫石炭兽的已经灭绝。

灭绝的不反刍偶蹄类：古齿亚目——双锥兽类和巨猪类

最早的偶蹄类出现于始新世早期，如北美洲的古偶蹄兽，就是一种小的原始的偶蹄类，可以认为是几乎所有后期偶蹄类的祖先。古偶蹄兽属于双锥兽类。

双锥兽类在始新世广泛分布于北美洲和欧亚大陆，那时它们远不如同时代的奇蹄类进步。它们和某些早期古食肉类在一般外表上可能还相差不远。

到始新世后半期，有些双锥兽变得比较特化了，走上了灭绝的道路。它们中只有少数进入了渐新世。

和双锥兽有一定亲缘关系、从早期双锥兽类分化出来的另一类早期偶蹄类，叫巨猪类。它从始新世晚期出现，经渐新世，一直生存到中新世。

巨猪类表现出向增大体型方向发展，在渐新世已经有变得像现代野猪那么大的，到中新世早期更变得有现代野牛那么大。它在某些性质上像猪，所以叫它"巨猪"，但是发展趋向和猪完全不一样，向长腿直背方向发展，成为适宜于奔跑的只有两趾的有蹄动物，并且发展出相当大的头骨和牙齿。

渐新世和中新世早期，巨猪是北半球哺乳动物中占优势的成员。以后可能由于与更高等的其他食草动物竞争失败，就灭绝了。

双锥兽类和巨猪类都是早期的偶蹄类，同属于古齿亚目。

灭绝的不反刍偶蹄类：猪亚目——石炭兽

始新世中期和晚期，兴起了一类叫做石炭兽的偶蹄类。最早的石炭兽非常接近于某些原始的双锥兽，说明它们也可能是从早期双锥兽分化出来的。但是石炭兽类后来发展成为适应在小川里和沿河岸生活的动物，和现代的河马有点相似。

石炭兽分布很广，历史也很长。在第三纪的大部分时间里，它广泛分布于欧亚大陆，渐新世发展到北美洲。在北美洲的石炭兽生存到中新世，在欧亚大陆的一直生存到更新世。

石炭兽一般是像猪的动物，腿长中等，脚有四趾，所以石炭兽类和现存的猪类、河马类同归在猪亚目里。

灭绝的不反刍偶蹄类：弯齿亚目——新兽类和岳齿兽类

始新世晚期，在欧洲有一类个体不大而高度特化了的偶蹄类，叫新兽类，它们生存到渐新世。它们可能和石炭兽类有一定的关系。

新兽的大小和生活都很像兔子，腿细长，侧趾短，只有中趾起作用，背脊弯曲，后腿比前腿长，可能也像兔子那样是用跳跃式的步子奔跑的。但是它们的适应看来并不很成功，可能由于竞争不过兔子，在不长的时间里面就灭绝了。

始新世晚期，在北美洲兴起另一类偶蹄类，叫岳齿兽类，继续生存到上新世。

岳齿兽的体形一般和石炭兽相似，身体比较长，腿长，脚有四趾。原始岳齿兽的头骨低，以后变得相当高。从始新世的原岳齿兽发展到渐新世的真岳齿兽，是有点像绵羊那样的动物，当时大群地徘徊在地面上，数量不少。它们到上新世才灭绝。渐新世还有一种新岳兽，是结构轻巧的小型动物。中新世有一种深岳兽，代表有高头骨和高齿冠的一支。也有一支发展成体型笨重的水生类型，生活习性很像现代的河马。

到第三纪结束的时候，在更进步的偶蹄类的竞争下，岳齿兽类就衰退灭亡了。

新兽类和岳齿兽类同属于弯齿亚目。

现存的不反刍的偶蹄类：猪亚目动物

早期的双锥兽类很可能就是那些在始新世或渐新世早期产生的其他不反刍的偶蹄类群的祖先。这些不反刍的偶蹄类大部分已经灭绝了。现在留存下来的，就只有属于猪亚目的猪类和河马类了。

最早的猪出现在渐新世早期的旧大陆，可以用欧洲的原古猪作为代表。这种猪虽然比始新世原始的双锥兽大些，但是仍然是一种相当小的动物。它的腿长中等，脚有四趾，头骨适度长而低，犬齿很发达，臼齿齿冠低，有锥形齿尖。

从早期的猪开始，就向着下列的趋向发展：身躯中等速度增大，头骨特别是面部伸长，吻部突出，犬齿发展成为向外弯曲的大的尖齿，臼齿齿冠出现了复杂的釉质褶皱，脚保留四趾，但是着力在中间两趾。

猪类在新生代中、晚期有一个大的分化和辐射发展，但是似乎所有猪都有相似的生活习性，都住在森林里，从地里挖掘各种植物的根茎生活。猪的适应能力很强，能在复杂的生态环境里生活得很成功。

猪类在新第三纪（中新世和上新世）的时候已经分布到旧大陆各地，在亚洲南部特别多，而且有许多大的类型，如利齿猪，是分布最广的旧大陆中新世的代表。

人类早在中石器时代或新石器时代初期，就把森林里的野猪驯化成为家猪。我国在西安半坡村的 6000 年前新石器时代遗址里就发现有家猪遗骨，充分说明我国饲养家猪的历史也是十分悠久的。

在渐新世早期旧大陆出现猪的同时，北美洲也出现了一种类似的偶蹄动物，叫做西貒。

早期的西貒可以用始貒做代表，它和欧洲的原古猪同时，而且十分相似。

但是由于地理间隔，西貒向着离猪的进化道路越来越远的方向发展。西貒的身体增大不如猪，着重于向奔跑的方向发展，变成了长腿的有蹄动物，侧趾退化只剩痕迹。它的头骨比较短，臼齿比较简单。

从始貒起，中新世和上新世沿着两条适应辐射道路发展，其中一支到更新世灭绝了，另一支发展到近代的西貒，更新世从北美洲进入南美洲。

河马的起源很晚，在上新世晚期以前，没有找到过河马的化石记录。由于河马和某些进步石炭兽很相似，它很可能是从晚期石炭兽类分化出来的。

河马是一种很大而笨重的偶蹄类，四肢很短，脚有四趾，略有蹼，这是对水生生活的适应。它的头骨巨大，嘴阔，犬齿发达。

河马在更新世的时候广泛分布于欧亚大陆和非洲，现在只分布在热带非洲的河流和湖沼地带。

反刍类偶蹄动物

为了适应消化植物性食物，在始新世晚期，偶蹄类中发展出一类有复杂的消化系统的类群，这就是反刍类。

反刍动物的胃分成四个室。植物性食物被牙齿咬切以后，首先进入第一、第二室，分别叫瘤胃和蜂巢胃（也叫网胃）。这两个胃是由食管变成的，食物在这里被细菌作用消化成软块。这些软块状物然后反入嘴里，再经过充分咀嚼，这就叫反刍。反刍后的食物重新咽下进入第三、第四室，分别叫瓣胃和皱胃，皱胃相当于其他哺乳动物的胃。食物在这里继续进行消化。

这种复杂的消化过程使反刍动物在食肉类经常追逐的情况下，能在短时间里匆忙地吞下大量食物，然后再找一个安全的地方从容地咀嚼消化，在这一点上它就大大地胜过了奇蹄类，终于在有蹄动物中成为最占优势的类群。

反刍类的原始代表叫鼷鹿类。

我国内蒙古始新统上部地层里发现过古鼷鹿化石。这是一种只有大兔子大小的鹿形动物,但是头上没有角。古䶄鹿四肢长,背脊弯曲,有一条长的尾巴。这种尾巴在后期反刍类中大多数已经消失了。古䶄鹿的脚有四趾,起主要作用的是中间两趾。头骨方面,眼睛位于前端和后端的中间部位,这是许多原始哺乳动物共有的特征,但是眼孔后有骨桥封闭,这一特征在所有反刍类中都继续存在。所有的牙齿都存在,但是三个上门齿变小,看来正在趋向消失。臼齿上有四个月形齿尖。

䶄鹿类主要分布在欧亚大陆,后来在北美洲也发展出一些侧支。经过渐新世,大部分䶄鹿类都灭绝了。现存的䶄鹿只限于分布在亚洲南部和非洲的森林里,如东方䶄鹿,还保持原始䶄鹿的许多特征,只是上门齿已经消失,只有大如匕首的上犬齿,全副下门齿和门齿化的下犬齿和上颌的角质垫相对,这种角质垫是反刍类的特征。䶄鹿是反刍的,但是它的胃还不如其他反刍动物复杂。

现代反刍类可以分成两个类群:一个是原始反刍类,这就是䶄鹿类;另一个是进步的反刍类,也叫新反刍类。

新反刍类由于吃食嫩枝叶和草以及能奔跑,骨骼显示了各种不同的适应。它们通常体型增大,四肢增长,第三、四趾的蹠骨愈合成为炮骨,踝骨和跟骨组合中也有很大程度的愈合,前肢的尺骨和后肢的腓骨大大退化,这些都是对长距离快速奔跑的适应。

新反刍类是在渐新世从䶄鹿祖先分化出来的。最早分化出来的是鹿类,到中新世从鹿类分化出来长颈鹿类。可能也在中新世,主要是在上新世,又兴起了新反刍类中比较混杂的另一个支系——牛类,包括叉角羚羊、绵羊、山羊、麝牛、

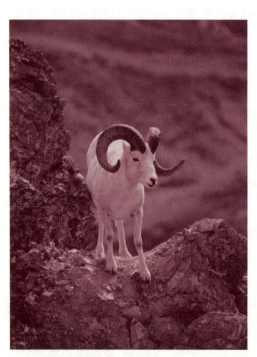

山羊

羚羊和牛等。

① 鹿类和长颈鹿类

鹿类是最原始的新反刍类，渐新世的小古鹿可能是鹿类的祖先。它们发展到中新世，仍然保留着某些原始性质，个体小，头上没有角，背脊弯曲，但是尾巴已经很短。它们的腿细长，中间两块蹠骨愈合成炮骨，四趾中侧趾退化，用中间两趾行走。

在鹿类的进化中，有一部分向体型增大的方向发展，有的种类长得很大。由于鹿类始终是吃柔嫩植物的，所以颊齿一直保留着低齿冠。鹿类进化中特殊的一点是雄性头上出现了角。鹿角从眼上方额骨上长出来，形成角柄，外面覆有皮肤。当鹿达到成年的时候，从角柄上长出分叉的鹿角，初期有皮肤覆盖，后来皮肤干枯脱落，鹿角就成为鹿的坚硬多尖的武器，在交配期间用来相互角斗，交配期一过，鹿角脱落，又有新角开始生长。这种新生鹿角

鹿

就叫鹿茸，里面充满血管，外面包有皮肤，是一种名贵的中药材。鹿角因为是由骨质组成的，所以叫做骨角，和犀牛、牛、羊等由角质组成的角不同。

有鹿角的鹿在中新世发展出许多分支，其中许多已经灭绝。如在我国北京周口店猿人洞里数量很多的一种大角鹿，也叫肿骨鹿，巨大多枝的角像两把大的扇

鹿角

麋鹿

子。它们在我国其他地方的上新统和更新统地层里发现的也不少。

现代的鹿种类也很多，分布在除了大洋洲和非洲中部、南部以外的广大地区，如亚洲的麝、麂、毛冠鹿、水鹿、梅花鹿、獐和驼鹿，我国特产白唇鹿、麋鹿（也叫"四不像"），欧亚两洲的马鹿，欧、亚、北美三洲和非洲北部的马鹿，欧、亚、北美三洲北极圈附近的驯鹿等。

长颈鹿类的祖先叫古长颈鹿，腿和颈都不怎么长。目前在非洲扎伊尔原始密林里生活着一种名叫霍加狓的偶蹄类，被认为是古长颈鹿的孑遗动物。霍加狓身高1.5米左右，腿长，前肢稍比后肢长，臀部向后倾斜；头骨伸长，雄性额上有两个小突起，有皮肤覆盖；牙齿齿冠低，有复杂的褶皱，这些都和现代长颈鹿的特征相一致。正是从古长颈鹿发展出现代的长颈鹿，它的腿和颈大大伸长，身高达到五六米，善于奔跑。

长颈鹿从中新世分化出来以后，上新世广泛分布于欧亚两洲和北非，到更新世开始衰退，分布范围缩小到赤道非洲和南欧，现在主要分布在埃塞俄比亚、苏丹、坦桑尼亚和赞比亚等局部地区。

长颈鹿

②现代占优势的偶蹄类——牛类

牛类是一个比较混杂的反刍类，它的特点是具有强壮的身体和善于奔跑的长腿，脚甚至比鹿类还要进步，侧趾更加退化；颊齿齿冠很高，褶皱复杂，特别适合于咀嚼干草。

牛类最突出的形态特征是头上长着角，几乎雌雄两性都有。这种角的角心也是由额骨突起而成的，但是整个角不是像鹿类那样完全由骨质组成，而是在角心外面覆有一层非常硬的角质套。这种角质和犀牛的角同样起源于上皮组织。不过犀牛的角是实心的，没有骨质角心，而牛类的角套是空心的，所以牛类也叫洞角类。洞角类除了叉角羚羊外，它们的角都是永久性的，并不像鹿类那样要每年一换。坚硬的角是牛类的有力和有效的武器，可以在遇到食肉类攻击的时候保卫自己。有些大的洞角类如野牛、连狮、虎等猛兽也望而生畏。

牛类在现代动物分类中又分成两科：叉角羚羊科和牛科。

叉角羚羊只局限在北美洲。

叉角羚羊在中新世出现的时候是小的和鹿相似的动物，可以叉角羊作为代表。叉角羊有分叉的角心，样子很像鹿角，但是角心并不脱落，每年只换角套。叉角羚羊类在上新世和更新世发展出很多分支，后来都灭绝了。现在只有美国西部平原还保留有一支。

除叉角羚羊外，其余的牛类动物都属于牛科。

牛科动物在上新世和更新世的欧亚大陆北部起源和发展。我国有许多原始的牛类化石，如山西上新世的各种羚羊化石，青海、陕西更新世初期的丽牛化石，河北更新世初期的中国野牛化石，华北更新世中、后期的原始牛、水牛等化石，四川更新世的原蓝牛、大额牛等化石。

牛

牛类出现以后向着很多复杂的适应方向发展，上新世晚期又从欧亚大陆进入非洲，有少数进入北美洲。特别在非洲，发展出种类十分繁多的羚羊，它们有多种多样的角。

现代的牛科包括牛类（水牛、黄牛、野牛）、真羊类（绵羊、山羊）以及蓝牛类（印度的一种大羚羊）、捻角羚类、小羚羊类、小苇羚类、马羚类、牛羚类、岛羚类、亚洲羚类、高鼻羚类、岩羚类、麝牛类等。

高鼻羚

牛和羊都已经由人类驯化。牛的驯养最早的是埃及人，在距今五六千年前，我国大约是在距今四五千年前的龙山文化时期。家牛有黄牛、水牛、牦牛。羊的饲养最早是在亚洲西南部，早在公元前8500年，那里已经开始驯养山羊，绵羊的驯化可能稍晚些。我国驯养山羊和绵羊大约也在龙山文化时期。不同的牛羊有不同的野生祖先，而且各地驯化的野生祖先也不相同。

独立发展的一类反刍动物——骆驼

骆驼也是一种反刍动物，但是它和其他反刍动物不同，胃只有三个室，没有瓣胃。它有一段漫长而独立的发展历史。

骆驼起源于北美洲，是始新世晚期出现的。原始的骆驼叫始驼，是一种小型的偶蹄动物，四肢短，具有四趾，齿系完整，形成连续的齿列。这种动物和其他反刍类祖先鼷鹿类截然不同。

从始驼向不同适应方向进化，有少数支系仍然是小型动物，但是大多数的个体发展到中等大小，有的甚至发展成很大的动物。

早期骆驼的侧趾迅速退化，到渐新世只有两趾了，并且四肢变长，适应于迅速奔跑。后期的骆驼，有蹄的脚已经转变成有宽阔的肉垫，适应于在柔软沙地上行走，颈部也在逐渐增长。

骆驼在进化中，牙齿也经历着一定的改变。进步的骆驼，前面两个上门齿已经消失，剩下一个尖的门齿；在上颌前面有一块角质垫，和匙形的下门齿相对，可以有效地咀嚼植物；前臼齿已经消失，臼齿变成高冠而伸长，有四个月形齿尖。

在新生代后期，骆驼发展出储藏脂肪以供营养的驼峰和瘤胃里储藏水的水脬，使它变成具有耐饥耐渴的特殊适应能力。

从始新世的始驼起，经过渐新世，发展到中新世和上新世的原驼和上新驼。其他还有一些侧支，在更新世到来之前灭绝了。

更新世，骆驼从起源地北美洲迁出。到冰期末期，在北美洲的骆驼灭绝了。现在只能找到它们当时长眠于地下的化石。

迁移到欧亚大陆的骆驼发展成为现在生活在亚洲和非洲的真驼。真驼有两种：我国和中亚细亚的双峰驼和西亚、南亚、非洲的单峰驼。

迁移到南美洲的骆驼发展成为羊驼。羊驼是没有驼峰的。

骆驼在公元前两千年左右，分别在我国西部和阿拉伯地区被驯化，成为"沙漠之舟"。羊驼在公元前三四百年在秘鲁被驯化。

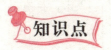

麝牛

麝牛是一种生活在加拿大北部、格陵兰和美国阿拉斯加的大型极地动物。雄麝牛在发情时会散发出一种类似麝香的气味，故得名。麝牛在地球上已生存了60万年，是冰川纪残留下来的古老生物，与之同时的猛犸象、柱牙象等庞然大物都由于气候的变迁或早期人类的捕杀而灭绝了。

延伸阅读

非洲食蚁兽又叫土豚，是一种身强力壮的动物，身长约140厘米，没有门齿和犬齿，像食蚁兽一样用长舌头卷吃白蚁。它们生活在非洲的大部分地区，从埃及南部到好望角都能发现非洲食蚁兽的踪迹。非洲食蚁兽肩高50～70厘米,体长0.9~2.2米,尾长44~71厘米,体重40~100千克,属于大型食蚁兽,因为独特的牙齿结构在哺乳纲中独占一目——管齿目,也是该目中唯一的一种;全身土灰色,毛发稀疏,吻部前突,耳朵很大,四肢短粗,生有利爪。

非洲食蚁兽栖息于热带稀树草原、森林环境中,环境适应能力很强;单独生活,领地意识弱;夜行性,白天躲在洞穴中休息,黄昏至清晨时分觅食活动。土豚属于杂食性动物,食物包括各种昆虫、小型啮齿类以及鸟卵,但最主要的食物是白蚁,粗壮的四肢和锋锐的趾爪表明土豚是杰出的"挖地虎",它打洞的速度超过10名使用镐锄的成年人。非洲草原上的白蚁穴高有数米,硬似水泥,刀砍斧剁也仅能留下浅痕而已,但土豚对付它则显得游刃有余,它抓破蚁丘后用细长的粘舌粘食四散奔逃的白蚁,土豚的饭量很大,一夜可以吃掉5万只白蚁。

非洲食蚁兽每年3~5月发情交配,一雄配多雌,雌兽的妊娠期为7~9个月,10~11月分娩,每胎仅产1仔,小家伙6个月大时就能够独立生活了,2~3岁性成熟,寿命8~12年。

在非洲,非洲食蚁兽的窝是一道独特的风景,洞穴长达3~12米,但有时彼此相连能绵延十几甚至几十千米,糟糕的是随遇而安、行踪不定的"房主"记性很差,常常忘记旧窝而另建新宅,所以土豚的家往往被其他动物借用,在里面能找到蜥蜴、蟒、眼镜蛇、蜜獾、疣猪甚至狮子、豹子这样的大型动物,当地土著偶尔也利用土豚的窝躲避风雨。

非洲食蚁兽的经济价值不高,肉味粗涩难咽,甚至有的土著巫医干脆用它的毛发来配制威力强大的毒药,而且大多数人与这种昼伏夜出的动物缘悭一面,因此土豚没有被偷猎分子看中,生活状况还算乐观,暂时没有灭绝的危险,但栖息地的破坏以及过度放牧已经威胁到了这一非洲特有物种的生存,国际动物保护组织已经有所关注。

完美的进化者——啮齿类

从开始一直到现在,啮齿类始终是啃咬动物,门齿像两对大而边缘尖锐的凿子,一对在头骨上,一对在下颌上。这些凿状的牙齿从持续开放的髓腔中长出，当切割边缘磨损了，就由牙齿的继续生长来补偿。沿着每一门齿的前缘是一条宽而纵长的硬釉质带，由于这条釉质带和组成牙齿剩余部分较软的齿质间磨蚀程度不同，使牙齿得以形成和保持其尖锐的凿状边缘。

侧面的门齿、犬齿和前面的前臼齿都消失了，在啮咬门齿和颊齿之间有一段长的齿缺。大多数啮齿类以植物为食，颊齿（包括臼齿，以及在某些啮齿类中也包括一个或最多两个前臼齿）通常为高的柱形；釉质的褶皱使咀嚼面复杂化，适宜于磨碎硬的谷粒和其他植物性食物。在比较原始的啮齿类中，牙齿可能是低冠，上面有钝的齿尖。

头骨长而低，脑原始。头骨和下颌的关节以及颊部肌肉的发育，使下颌能作前后、上下、左右的活动。这在啮齿类中进行起来是各式各样的，是根据咬肌某几层的起点在头侧的排列情况而定的。在典型的哺乳动物中，强大的咬肌起点在头骨的颧弓或颊骨上，延伸到下颌骨的下缘，以使颌的关闭更加有力。在啮齿类中这个排列有四种演变模式。

在最原始的啮齿类中，可看到所谓原松鼠形模式，特点是长而几乎是水平伸展的咬肌，其起点在颧弓的前下缘，向后伸到下颌角。一条推动下颌骨向前的肌肉位于咬肌深层之上，而咬肌深层则为通常形式，垂直位于颧弓及下颌骨下缘之间。

在典型松鼠形模式的啮齿类中，咬肌的一支上伸到脸侧眼眶之前。在具有豪猪形模式的啮齿类中，咬肌的另一支向上生在颧弓内侧，同时向前伸展通过眼前方的大为扩大了的眶下孔（在大多数哺乳动物中它作为血管和神经的通道），扩展在脸的侧面。在颌肌力鼠形模式的啮齿类中，具有松鼠形和豪猪形两个模式的结合形式，咬肌的两支向前伸展，一支在颧弓下，另一支在颧弓内侧并通过眶下孔。

在大多数啮齿类中，头后骨骼不十分特化。前肢通常伸缩性能很大，可以攀爬、奔跑和采集食物，所有的趾通常保留。像后肢一样，这些趾通常具有爪。后肢常较特化，其伸缩性能不如前肢。有些啮齿类适于跳跃，它们的后肢长而有力，前肢则比较短小。

根据上述的咬肌发育情况，啮齿目可分为4个亚目，即始啮亚目、松鼠亚目、鼠形亚目和豪猪亚目。每个亚目中均包含有众多的科属及种。现代啮齿动

松 鼠

物和种数超过了所有其他哺乳动物种类的总和，可能在新生代大部分时期内也是这样。此外，啮齿类中大多数种在它们分布的各个领域内都非常之多，因此个体数通常也比任何其他哺乳动物为多。

几个因素使得啮齿类在进化上获得成功。首先，这些哺乳动物中的大多数，在整个历史过程中都保持着小体躯。体躯小使它们得以去开辟较大动物所不适宜的环境，从而建立大的种群。啮齿类大的种群的建立和延续现在仍然进行着，可能就像它们过去那样。这些小哺乳动物繁殖速度快，能够迅速地占领新地盘，并适应于变化着的生态条件。

大多数啮齿类的适应力使它们在哺乳动物占优势的几千万年内站稳地位。它们居住在地上、地下、树林中、岩石下、沼泽内和草地里，分布范围从赤道地区一直到两极。它们在与其他哺乳动物竞争中常常获得成功，它们总是以其数目的绝对大量来取得优势。

所有这些因素给啮齿类带来了长期持续的成功。它们坚持在其他哺乳动物失败的地方，也许当人类在不可预见的未来衰退的时候，以不可战胜的活力在地球上开辟自己的道路。

兔形类动物也有用于啮咬的大门齿以及门齿与颊齿之间的一段较长的齿缺。它们与啮齿类在食性的适应上是相似的。因此长期以来人们习惯于把它们也当作啮齿类，只是因为它们每侧有两个门齿而不是像一般啮齿动物那样为一个，它们被归入一个亚目——双门齿亚目，而上面谈到的"正常"的啮齿类则组成了单门齿亚目。

然而在古新统和始新统的堆积中，曾经发现过非常原始的啮齿类和兔形类，这些化石显示：在哺乳动物历史的早期，这两类动物彼此间的区别就已经十分明显。

例如，兔类和啮齿类一样，具有增大的门齿，但是这一特征在不同类群的哺乳动物中，独立发展过好几次。至于颊齿，则没有什么真正的相似性。兔类中有两个或三个前白齿，而相反地，在啮齿类中则大大地缩减了。此外，野兔及其亲属的颊齿为高柱形，具有切割用的横棱冠，而不是啮齿类型的挤压式牙齿。在兔类中，咬肌虽然也很强大，但从来不像啮齿类那样高度的特化。在头后骨骼方面，兔类和啮齿类也很少相似。兔类为特化成跳跃的动物，因此后肢很长而强壮。尾则退化得只留下一点痕迹。不过近年的发现和研究又给鼠兔一家论提供了新的依据，究竟谁是谁非还须作更深入的工作。

蒙古上古新统中的原古兔属，显示出了第三纪很早期兔类的形状。这些动物在始新世动物群中很少出现，但在进入渐新世时，它们似乎变得繁多起来，而且一直繁盛到现代。

兔形类在早期就分为两个独立的科，而且一直保持着这个双分发展，一方面是短耳兔类，以现代的短耳兔为典型代表，始终是小型结实的短腿的兔形类，具有短的耳朵。野兔和棉尾兔代表

兔　子

的这些兔形类发展成快跑者，以长距离的跳跃见长。后肢很长，在跳跃时有力量，跳得远。前肢适于着地。长长的耳朵成为灵敏地收集声音的工具。

亚兽目的成员原来分别归属于食虫目和兔形目中的原始类型，主要分布于亚洲，中国发现化石很多，主要是中晚古新世的种类。目前有强棱齿兽科、亚兽科、假古猬科、宽白兽科、鼠兔科等五个科。最早见于白垩纪，古新世种类繁多，至渐新世初期灭绝。

知识点

釉质

釉质（enamel），是在牙冠表层的半透明的白色硬组织，十分坚硬，洛氏硬度（Knoop hardness number）仅次于金刚石。

延伸阅读

松鼠，是哺乳纲啮齿目一个科，其下包括松鼠亚科和非洲地松鼠亚科，特征是长着毛茸茸的长尾巴。与其他亲缘关系接近的动物又被合称为松鼠形亚目。松鼠一般体形细小，以草食性为主，食物主要是种子和果仁，部分物种会以昆虫和蔬菜为食，其中一些热带物种更会为捕食昆虫而进行迁徙。松鼠原产地是我国的东北、西北及欧洲，除了在大洋洲、南极洲外，全球的其他地区都有分布。

贫齿类和鳞甲类哺乳动物

如果说啮齿类是哺乳动物中一个极大的孤立的类群，南美洲的贫齿类和旧大陆的鳞甲类却都是很小的孤立的类群。

这两个类群应该也是从有胎盘类哺乳动物的食虫类基干上发展出来的，但是它们和食虫类祖先的关系不清楚。这两个类群是分别在南美洲和旧大陆发展演化的，却又有某些相似的地方，它们之间也可能是有联系的，但是对于这一点现在也不能确定。

贫齿类是一类牙齿大大简化、退化或消失的哺乳动物，所以叫它"贫齿"，这是对一些非常特定的食物的适应。

最早的贫齿类叫古贫齿类，是在北美洲的第三系下部地层里发现的，如始新世的始贫齿类，是一种小型动物，它的门齿和颊齿已经几乎完全消失，还保存着大而锐利的片状的犬齿。也有一些古贫齿类还保存着颊齿的。古贫齿类在北美洲一直生存到渐新世末。

早期贫齿类从北美洲移到南美洲，以后主要就在那里发展着，很快成了南美洲占优势的一类哺乳动物，一直生存到现在。

在南美洲，贫齿类沿着两条适应路线发展。一条包括已经灭绝的地懒和现存的树懒以及食蚁兽，叫披毛贫齿类。另一条包括犰狳和雕齿兽，叫有甲贫齿类。

树懒是一种吃树叶的贫齿类，常用长而成钩形的爪把身子倒挂在树上，以迟钝和笨拙出名。食蚁兽过地面生活，它的吻部伸展成一长管，用来探寻蚂蚁和白蚁的窝，有一条很长的舌头，可以伸出来舐食昆虫。

犰狳和雕齿兽身上都有宽阔的甲胄，由厚重的骨板组成，上面盖着角质片。它们吃昆虫、腐肉以及能在地上找到的几乎任何食物。达尔文在南美洲发现一种巨大的古代动物化石，就和现代的犰狳很相似。

鳞甲类包括各种穿山甲。穿山甲也叫鲮鲤，分布在亚洲和非洲的热带地区。它们的身体都披着互相覆压的角质鳞片，靠吃蚂蚁生活，所以可以说是有鳞的食蚁兽。

犰　狳

鳞甲类的化石历史一无所知，它们可能和贫齿类有共同的祖先，和贫齿类以不同的方式平行发展起来的。

知识点

犰狳

又称"铠鼠",犰狳身上的铠甲由许多小骨片组成,每个骨片上长着一层角质物质,异常坚硬。每次遇到危险,若来不及逃走或钻入洞中,犰狳便会将全身卷缩成球状,将自己保护起来。虽然犰狳的整个身体都披着坚硬的铠甲,但却不妨碍它们的正常活动甚至快速奔跑。犰狳只有肩部和臀部的骨质鳞片结成整体,如龟壳一般,不能伸缩;而胸背部的鳞片则分成瓣,由筋肉相连,伸缩自如。

南美洲位于西半球的南部,东濒大西洋,西临太平洋,北濒加勒比海,南隔德雷克海峡与南极洲相望。西面有海拔数千米的安第斯山脉,东向则主要是平原,包括亚马孙河森林。一般以巴拿马运河为界同北美洲相分,包括哥伦比亚、委内瑞拉、圭亚那、苏里南、厄瓜多尔、秘鲁、巴西、玻利维亚、智利、巴拉圭、乌拉圭、阿根廷、法属圭亚那等13个国家和地区。

灵长类的早期进化

灵长类是动物中最高等的一类。实际上,灵长类归在有胎盘类哺乳动物的第一大类群,和最古老的有胎盘类食虫类有非常密切的亲缘关系,为什么这样说呢?

我们先来看看现存的灵长类从低等到高等排列的一些代表动物:树鼩—狐猴和眼镜猴—阔鼻猴和狭鼻猴、猿类—人类。这正反映了灵长类的进化顺序。

要说明灵长类和食虫类的基本亲缘关系，就要从树鼩说起。

现代分布在我国西南地区和海南岛以及东南亚地区的东方树鼩，身体大小像松鼠，有一个长的吻部和一条长的尾巴，脑子比较大，眼睛也大，眼睛和颞区之间有一块骨头隔开。树鼩的大拇趾和其他四趾有点分开。它的食物除虫类外，有一部分是果实。

树鼩的身体结构和食性，正表明原始灵长类从食虫类过渡到灵长类的特点。一方面它和现代树栖的食虫类十分相似，另一方面它又具有灵长类向高等方向发展的基础。

从某方面说，原始灵长类是身体结构最不特化的动物，不特化才有条件向高级的方向进化。原始灵长类的四肢很灵活，大拇趾和其他四趾分开，便于攀爬树木和执握物体。原始灵长类的脑颅很大，眼也很大，具有双眼立体视觉的能力；眼眶和颞区有骨隔开，到了进步的灵长类，眼睛就完全被封闭在眼眶之中。这些特点在灵长类的进化历程中占有很重要的位置。

早期灵长类在进化过程中由食虫逐渐改变到食果实以至杂食，食性的改变在灵长类的进化历程中也是很重要的一步。有的科学家认为，灵长类从食虫类分化出来，正是由于食性和生活习性的改变引起的。因为它们生活在森林里寻觅各种果实，最终改变了它们的形态结构和生理机能，为灵长类的进化创造了重要条件。

从白垩纪的原始食虫类辐射发展出一支原始树鼩，到古新世，从原始树鼩发展出原始狐猴和眼镜猴。

狐猴在古新世的时候广泛分布于亚洲、欧洲和美洲，我国也找到过始新世的蓝田狐猴化石。但是现代的狐猴只生活在非洲马达加斯加岛和它附近的岛屿。它的一般特征是：身体比较小，尾巴长；四肢长而容易弯曲，有能执握树枝的手脚；吻长而尖，脸部有点像狐狸，眼睛大，下门齿很长，向水平方向伸出。它吃昆虫和果实生活。

眼镜猴又叫跗猴，在古新世的时候也分布比较广，我国也找到过始新世的黄河猴、秦岭卢氏猴等化石。但是现代的眼镜猴只分布在菲律宾南部以及加里曼丹和苏门答腊等地。它的大小和松鼠相近，体外被有柔顺的毛；巨大的双眼靠得很近，直视前方，活像戴着一副眼镜，所以叫眼镜猴；鼻子被挤得又小又窄,外耳很大。它的行动方式是用后肢直立地跳跃,它的脚板很长,所以叫它跗猴,"跗"就是脚板的意思。它以昆虫和其他小动物作为食物。

到了始新世晚期,又从原始狐猴辐射进化产生了阔鼻猴类、狭鼻猴类和猿类。

阔鼻猴类分布在中美洲和南美洲,所以又叫新大陆猴。它的鼻子中间隔开很远,鼻孔开向两侧。它们的形态很原始,有一些种类具有能执握树枝的长尾巴,如卷尾猴。它们经常生活在热带森林的树顶。阔鼻猴类的化石史料很少。

狭鼻猴类广泛分布在欧洲、亚洲和非洲,所以又叫旧大陆猴。它们的鼻子间隔比较窄,鼻孔开向下方。大多数种类有长尾,有些种类如猕猴、红面猴等尾巴比较短。它们的脑子发达,外耳比较小,紧贴头的两侧,边缘卷起。它们大多数合群,生活在树上,主要靠吃果实、树叶、昆虫、鸟卵和小鸟生活。也有少数种类如狒狒营地面生活,变成食肉动物。狭鼻猴类的化石史料丰富,可以从渐新世一直排到今天。

长臂猿

现代的猿类只有亚洲的长臂猿、褐猿(也叫猩猩)和非洲的大猿(也叫大猩猩)、黑猿(也叫黑猩猩)四种。但是在古代,猿类的种类很多。现在发现的最早猿类化石是埃及渐新统地层里的埃及猿,身材不大,脑量小,形态特点介于猴和猿之间。从类似于埃及猿的原始猿类,后来发展出生活在中新世和上新世的森林古猿。森林古猿也叫林猿,最早发现在欧洲,后来在亚洲、非洲广大地区都有发现。森林古猿的非洲种可能是现代黑猿的祖先,森林古猿的大型种可能是现代大猿的祖先。现代褐猿的祖先现在还没有找到,它们可能在渐新世就从森林古猿中分化出去了。而长臂猿的祖先可能是生活在渐新世的原上新猿。

至于灵长类的后期发展史，就是向人类发展进化，这已经超出本书介绍内容的范围，读者可以从其他书籍上进行阅读。

知识点

黑猩猩

黑猩猩（学名 Pan troglodytes），是黑猩猩属的两种动物之一，但由于黑猩猩和人类的基因相似度达 98.77%（最近有些研究为 99.4%），所以亦有学者主张将黑猩猩属的动物并入人属。原产地在非洲西部及中部。

延伸阅读

马达加斯加全称马达加斯加共和国，非洲岛国，位于印度洋西部，隔莫桑比克海峡与非洲大陆相望，全岛由火山岩构成。作为非洲第一、世界第四大的岛屿，马达加斯加旅游资源丰富，上世纪 90 年代以来，该国政府将旅游业列为重点发展行业，鼓励外商向旅游业投资。居民中 98% 是马达加斯加族人。马达加斯加是世界最不发达国家之一，国民经济以农业为主，农业人口占全国总人口 80% 以上，工业基础非常薄弱。

新生代的无脊椎动物世界

新生代时软体动物的瓣鳃类和腹足类继续发展，成为新生代无脊动物的主要成分，广泛分布于海洋和陆地上，达到了它们的全盛时期。

如早更新世陆地水域中的楔蚌，其壳厚大，呈楔形轮廓，前端宽大，后端狭小，前端约占壳长的 1/6，壳面具同心线，外韧带很长。

腹足类化石如台湾海相第三纪地层中的舥板螺，其壳为菱梭形，壳质坚固，体环大为壳高的2/3，壳面具明显的横褶及旋肋，并有细旋线及生长线，壳口卵形，外唇厚，有前沟，但比较短。

除瓣鳃类和腹足类以外，一种海洋中的原生动物——有孔虫也很多，是新生代海洋沉积地层中无脊椎动物的主要成分。有孔虫是一种原生动物，我们在晚期古生代熟悉的䗴虫就是一种孔虫。这种有孔虫分泌了多种形态的坚实外壳（一般较小，在显微镜下或放大镜下观察），常保存为化石。如早第三纪海洋中的一种货币虫，其壳为包旋式，圆盘形或凸镜形，壳圈多，壳体被隔壁分为许多小房室。另外如古新世至现代的一种抱球虫，由几个球形壳室组成，壳成螺旋式（抱球状）。

节肢动物的昆虫类自早期古生代出现，经中生代、新生代一直延续到现代，已经形成动物界中最大的动物类群，现在是昆虫的极盛时代。中国早第三纪抚顺煤田地层中就保存有大量的昆虫化石，如蕈蚊。

节肢动物除昆虫外，介形虫继中生代以后分布仍然很广泛。在海洋和陆地中生活。由于中国新生代地层以陆相沉积为主，因此，陆相介形类化石显得较多，成为划分对比新生代地层的重要化石。如更新世至全新世的土星介，在其壳前1/3处有两条显著的、微向后倾的背槽，壳面网饰多边形壳饰，前端比后端高呈斜圆形，腹边缘往内弯曲。

抚顺煤田

抚顺煤田为中国著名的第三纪煤田。它位于辽宁省抚顺市，东西长18千米，南北宽2~4千米，面积36平方千米。产气煤及长焰煤，近百年来开发很盛，煤炭资源目前已所剩不多。

抚顺煤田为一轴向近东西的不对称向斜构造，北翼陡、南翼缓。向斜构造由下第三系组成，基底为前震旦系变质岩及白垩系火山碎屑岩，地表为厚

0～30米的第四系覆盖。下第三系赋存深度不超过600米，该系的主要构造形式为横切或斜交的平推正断层，另有与该系沉积同时间歇喷发的玄武岩，对第三纪下部煤层有一定影响。

延伸阅读

地球表面被陆地分隔为彼此相通的广大水域称为海洋，其总面积约为3.6亿平方千米，约占地球表面积的71%，因为海洋面积远远大于陆地面积，故有人将地球称为"水球"。然而目前为止，人类已探索的海洋只有5%，也就是说还有95%的海洋是未知的。

海和洋不是一回事。洋的中间部分称为洋，约占海洋总面积的89%，它的深度大，一般在二三千米以上，海水的温度、盐度、颜色等不受大陆影响，有独立的潮汐和洋流系统。全球分五个大洋即太平洋、大西洋、印度洋、北冰洋和南冰洋。海洋的边缘部分称为海，深度较浅，一般在二三千米之内，约占海洋总面积的11%。海没有独立的潮汐和海流系统，水温因受大陆影响而有显著的季节变化，盐度受附近大陆河流和气候的影响也较明显，水色以黄绿色较多，透明度小。海按其所处位置的不同，可分边缘海和地中海两种类型。大洋靠近大陆的部分，被岛屿和半岛分隔开，水流交换畅通的称为边缘海，如东海、南海、日本海等；介于大陆之间的海称地中海，如地中海、加勒比海等。如果地中海伸进一个大陆内部，仅有狭窄水道与海洋相通的，又称为内海，如渤海、波罗的海等。